少儿环保科普小丛书

沙尘暴

本书编写组◎编

中国出版集团公司

世界图书出版公司

广州·上海·西安·北京

图书在版编目（CIP）数据

沙尘暴 /《沙尘暴》编写组编. —广州：世界图书出版广东有限公司，2017.1
ISBN 978 – 7 – 5192 – 2316 – 8

Ⅰ. ①沙… Ⅱ. ①沙… Ⅲ. ①沙尘暴 – 青少年读物 Ⅳ. ①P425. 5 – 49

中国版本图书馆 CIP 数据核字（2017）第 019620 号

书　　名：沙尘暴
　　　　　Shachenbao

编　　者：本书编写组
责任编辑：康琬娟
装帧设计：觉　晓
责任技编：刘上锦
出版发行：世界图书出版广东有限公司
地　　址：广州市海珠区新港西路大江冲 25 号
邮　　编：510300
电　　话：（020）84460408
网　　址：http：//www. gdst. com. cn/
邮　　箱：wpc_ gdst@ 163. com
经　　销：新华书店
印　　刷：虎彩印艺股份有限公司
开　　本：787mm×1092mm　1/16
印　　张：13
字　　数：250 千
版　　次：2017 年 1 月第 1 版　2019 年 2 月第 2 次印刷
国际书号：ISBN 978 – 7 – 5192 – 2316 – 8
定　　价：29. 80 元

前　　言

　　沙尘暴天气主要发生在春末夏初，这是由于冬春季干旱区降水甚少，地表异常干燥松散，抗风蚀能力很弱，在有大风刮过时，就会将大量沙尘卷入空中，形成沙尘暴天气。

　　沙尘暴天气携带的大量沙尘蔽日遮光，天气阴沉，造成太阳辐射减少，几小时到十几个小时恶劣的能见度，容易使人心情沉闷，工作学习效率降低。轻者可使大量牲畜患染呼吸道及肠胃疾病，严重时将导致大量"春乏"牲畜死亡，刮走农田里的沃土、种子和幼苗。沙尘暴还会使地表层土壤风蚀、沙漠化加剧，覆盖在植物叶面上厚厚的沙尘影响正常的光合作用，造成作物减产。

　　生态环境整体功能下降表现为：森林质量不高，草地退化，土地沙化速度加快，水土流失严重，水生态环境仍在恶化；农业和农村水源污染严重，食品安全问题日益突出；有害外来物种入侵，生物多样性锐减，遗传资源丧失，生物资源破坏形势不容乐观；生态安全受到威胁。

　　近十几年来，虽然我国森林覆盖率逐年增加，但同期有林地单位面积蓄积量却在下降；生态功能较好的近熟林、成熟林、过熟林不足30%。我国90%的草地存在不同程度的退化，沙化土地发展速度加快，水土流失面积大。

　　我国生态环境形势如此严峻，主要是由粗放型的经济增长方式造成的。由于经济结构不合理，传统的资源开发利用方式仍未根本转变，重开发轻保护、重建设轻管护的思想仍普遍存在，以牺牲生态环境为代价换取眼前和局部利益的现象在一些地区依然严重，经济快速增长对生态环境造成了巨大压力。

我国的黄土高原目前每年流失土层 1 厘米，流失速度比形成速度快 100～400 倍。据科学研究推算，在自然状态下要形成 1 米厚的土壤，需要 1.2 万～4 万年，即形成 1 厘米厚的土层需要 120～400 年。黄土高原水土流失严重地区，现在每年要流失表土层 1 厘米以上，土壤流失速度比土壤形成速度快 120～400 倍。

本书主要介绍了沙尘暴的常识、标准、起因、危害、自我防护以及治理和预防措施。在人与自然的关系中，人类已处于主动地位。当人的行为违背自然规律时，就将导致人与自然关系的失衡，造成人与自然的不和谐。

建立人与自然的和谐共处、协调发展关系，实现人类与自然界关系的全面、协调发展是人类生存与发展的必由之路。为此，首先必须确立大自然观。现代意义上的自然观，真正视人类与自然是相互依存、相互联系的整体，从整体上把握住规律，并以此作为认识自然和改造自然的基础。其次，必须走出"人类中心"的误区，建立人与自然全面和谐共处和协调发展的关系。科学证明人类不过是众多生物种类中的一种，人类只是自然的一部分，不是万物的尺度，同时由于主客观条件的限制，人类的认识具有很大的局限性，况且人类的认识正确与否、能否得到完善和发展，一点也不能离开认识自然和改造自然的活动（即实践），尤其是对自然规律的认识和把握，更是离不开人与自然的联系，在当今世界变革的大潮中，新出现的诸如"大科技观"、"持续发展观"、"生态价值观"等，就是对"人类中心论"的否定。再次，必须全方位地探讨自然的价值。不仅要征服自然、利用自然，从自然中获取有利于人类发展的使用价值；同时要善待自然、保护自然、尊重自然。要树立大价值观念，即在评价一切经济活动和社会活动时，不仅要考虑其经济价值，而且要考虑其生态价值；不仅要考虑眼前价值，而且要考虑其长远价值；不仅要考虑从自然中所得，还要考虑如何回报自然；等等。只有这样，才能真正建立起人与自然和谐共处的关系，实现人与自然和谐共处、协调发展。

目 录
Contents

什么是沙尘暴

沙尘天气

本书有关沙尘天气及沙尘天气过程的定义执行中国气象局《沙尘天气预警业务服务暂行规定（修订）》（气发〔2003〕12 号）。

沙尘天气是指强风从地面卷起大量尘沙，使空气混浊，水平能见度明显下降的一种天气现象。沙尘天气包括浮尘、扬沙、沙尘暴和强沙尘暴。

浮　尘

均匀悬浮在大气中的沙或土壤粒子（多来源于外地，或是当地扬沙、沙尘暴天气结束后残留于空中），使水平能见度小于 10 千米的天气现象。

扬　沙

风将地面尘沙吹起，使空气相当混浊，水平能见度在 1～10 千米的天气现象。

浮尘笼罩下的新疆吐鲁番

大风降温并伴有扬尘的北京

沙尘暴

强风将地面大量尘沙吹起，使空气很混浊，水平能见度小于 1 千米的天气现象。

沙尘暴中的母女

敦煌强沙尘暴

强沙尘暴

大风将地面尘沙吹起，使空气非常混浊，水平能见度小于 500 米的天气现象。

沙尘天气过程分类

沙尘天气过程分为 4 类：浮尘天气过程、扬沙天气过程、沙尘暴天气过程和强沙尘暴天气过程。

浮尘天气过程：在同一次天气过程中，我国天气预报区域内 5 个或 5 个以上国家基本（准）站在同一观测时次出现了浮尘天气；

扬沙天气过程：在同一次天气过程中，我国天气预报区域内 5 个或 5 个以上国家基本（准）站在同一观测时次出现了扬沙天气；

沙尘暴天气过程：在同一次天气过程中，我国天气预报区域内 3 个或 3 个以上国家基本（准）站在同一观测时次出现了沙尘暴天气；

强沙尘暴天气过程：在同一次天气过程中，我国天气预报区域内 3 个或 3 个以上国家基本（准）站在同一观测时次出现了强沙尘暴天气。

什么是沙尘暴

沙尘暴（Sand Duststorm）是沙暴（Sandstorm）和尘暴（Duststorm）两者兼有的总称，是指强风把地面大量沙尘物质吹起卷入空中，使空气特别混浊，水平能见度小于 1 千米的严重风沙天气现象。

沙暴是指大风把大量沙粒吹入近地层所形成的挟沙风暴。

尘暴则是大风把大量尘埃及其他细粒物质卷入高空所形成的风暴。

沙尘天气不等于沙尘暴

北京气象台专家介绍，一般而言，沙尘暴是指携带大量尘沙的风暴，多发生在沙漠或半干旱地区。但科学意义上的沙尘暴却有严格的指标。气象上一般以能见度来区分沙尘与沙尘暴：能见度小于1千米的为沙尘暴，能见度在1千米以上的为沙尘或扬沙天气。

中国环境检测总站的专家们则以空气中悬浮颗粒物的浓度作为衡量指标。一段时期北京沙尘天气时悬浮颗粒物浓度一般不超过1000微克/米^3，而沙尘暴时的浓度是要远远超过这个指标的。专家指出，应该区分浮尘、扬沙和沙尘等3种常见天气情况。浮尘天气时，大气中弥漫细小颗粒物，灰尘多由外地而来，扬沙天气卷起的沙土则完全是本地产生的。沙尘天气兼有浮尘和扬沙2种天气情况，不过两者所占的比重有变化。沙尘天气达到一定的指标，才可称作沙尘暴。

土地沙漠化

沙漠化（Desertification）指原由植物覆盖的土地变成不毛之地的自然灾害现象。此处所指的"沙漠"多数强调土地不适合植物生长或发展农业，而非因为地域本身干燥所造成的沙漠气候。不过，没有植物生长的土地由于不能蒸散分配水分，结果也可能反而导致干燥气候。

沙漠化现象可能是自然的。作为自然现象的沙漠化是因为地球干燥带移动，所产生的气候变化导致局部地区沙漠化。不过，今日世界各地沙漠化原因，多数归咎于人为原因：人口急速增长，所居住土地被过度耕种以及过度畜牧，导致土地枯渴不适合耕种。

如中东的美索不达米亚地区（今伊拉克一带）是世界上最早发展农业的地域之一，从而发展成世界上最早的古文明发祥地之一。美索不达米亚的土壤本来甚为肥沃，不过由于过度的农业活动、人们不理会土地长期枯渴，更开发河段上流、采伐森林，上流土地从而不能吸收降雨，雨水一起流入河中造成水土流失以及洪水。

沙漠化最明显的地方之一，在撒哈拉沙漠南侧的撒黑尔。此地的北部，以游牧或放牧的形态饲养着羊和骆驼，把整个地区的植物都吃光了，导致土地光秃秃的一片。而较为湿润的南部，则因家畜过度繁殖，再加上原本不过方寸小的耕地，禁不起接连不断地耕作，整个地区逐渐变成不毛之地。

再加上水源不足，人们开始挖掘井水，当人群因水源而聚集，豢养的家畜也就多了起来，又再次加速了环境的恶化，促成沙漠化。这种恶性循环，使得该区人民生活普遍过得很困苦。撒哈拉沙漠没有雨季，所以不会降雨，但只要是有任何一点点的水气，沉睡在地底下的植物就会争着冒出新芽，但很快地，又会被过度放牧的家畜吃光，所以沙漠化的土质现在仍在无声无息地扩大中……

干地（定义为降水量低且降水通常由雨量小、不稳定、时间短、强度大的风暴造成的那些地区）覆盖了全球40%的陆地面积，供养着世界上1/5的人口。这些干地的沙漠化是由于植被和可利用的水减少、作物产量下降以及土壤侵蚀引起的土地退化，它起因于人口增长、人类需求增加或者政治、经济压力（例如需要经济作物来增加外汇）造成的过度土地利用，通常由自然发生的干旱启动或加剧。目前，沙漠化的速率是6万平方千米/年或0.1%总干地面积/年。这对于70%的干地（全球陆地面积的28%）是一种潜在的威胁。

在干旱和半干旱地区（也包括一部分半湿润地区），在干旱多风和具有疏松沙质地表的情况下，由于人类不合理的经济活动，使原非沙质荒漠的地区，出现了以风沙活动、沙丘起伏为主要标志的类似沙漠景观的环境退化过程。沙漠化问题涉及的范围之广，已引起全世界关注。

产生沙漠化的自然因素主要是干旱、地表为松散沙质沉积物和大风的吹扬等；人为因素主要是过度放牧、过度垦殖、过度樵柴和不合理地利用水资源等。

沙漠化是环境退化的现象，是一种逐步导致生物性生产力下降的过程，包括发生、发展和形成3个阶段。发生阶段（初期阶段）是潜在性沙漠化，仅存在发生沙漠化的基本条件，如气候干燥、地表植被开始被破坏，并形成小面积松散的流沙等；发展阶段，地面植被开始被破坏，出现风蚀，地表粗化、斑点状流沙和低矮灌丛沙堆，随着风沙活动的加剧，进一步出现流动沙丘或吹扬的灌丛沙堆；形成阶段地表广泛分布着密集的流动沙丘或吹扬的灌丛沙堆，其面积占土地面积50%以上。沙漠化的危害是破坏土地资源，使可供农牧的土地面积减少，土地滋生能力退化，植物量减少，土地载畜力下降，作物的单位面积产量降低。沙漠化已给许多国家和地区的农业、牧业和人民生活财产造成严重损失。

沙漠化，是对世界农业发展的一个重大威胁。沙漠化是环境退化现象。它使土地滋生能力退化，农牧生产能力及生物产量下降，可供耕地及牧场面积减少。由于沙漠化而致的水土流失、土地贫瘠，已使不少国家遭致连年饥荒。全球受沙漠化影响的土地已达 3800 万平方千米。因沙漠化而丧失的土地，每年都高达 5 ~ 7 平方千米，几乎每分钟就有 11 公顷的土地被沙漠化。如果沙漠化继续下去而得不到有效抑制，再过十几年，预计损失的耕地将会达到目前耕地的 1/3，这是多么危险的信号！

我国也是一个土地沙漠化严重的国家，沙漠与沙漠化的地域已由 1949 年的 66.7 万平方千米扩大到 2009 年的 130.8 万平方千米，约占国土总面积的 27.5%。沙化土地，还以 60 平方千米/年的速度增长。我国土地沙漠化的形成，除了因力作用而造成沙丘前移入侵的自然因素以外，由于过度农牧、过度砍伐、工业交通建设等破坏植被的人为因素引起沙漠化的现象更为普遍。

有一组统计数字能说明我国土地沙漠化的原因：森林过度采伐占32.4%，过度放牧占 29.4%，土地过分使用占 23.3%，水资源利用不当占6%，沙丘移动占 5.5%，城市、工矿建设占 0.8%。从这些统计数字可以看出，我国绝大部分（占 95%）的土地沙漠化是人为因素造成的。因此，保护和利用好土地，封沙育草，营造防风沙林，实行林、牧、水利等的综合开发治理，将会充分发挥植被群体效应以达到退沙还土的目的。土壤是植物的母亲，是绿色家园繁荣昌盛的物质基础。保护和利用好土地，就是保护了绿色家园，保护了人类自己。

尽管沙漠化趋势不容乐观，但是在新世纪，随着知识经济的发展，人类由向自然索取资源转向更多地向人类智能本身索取资源，生态环境破坏将得到有效遏止。另外，生态环境观念的形成，使人们更注重环境保护，政府对沙漠戈壁和半沙漠地区的治理力度逐渐加大。

土地荒漠化

土地开垦成农田以后，生态环境就发生了根本的变化，稀疏的作物遮挡不住暴雨对土壤颗粒的冲击；缺少植被而裸露的地表任凭日晒风吹，不断地损失掉它的水分和肥沃的表层细土；单调的作物又吸收走了土壤中的某些无机和有机肥料，并随收获被带出土壤生态系统以外，年复一年，不断减少着土壤的肥力，导致土壤品质恶化，于是水土流失便加速进行。

土地荒漠化是全球性的环境灾害，它已影响到世界六大洲的100多个国家和地区，全球约有1/6的人口生活在这些地区。目前，全球荒漠化的面积已经达3600万平方千米，占整个地球陆地面积的1/4，约9亿人受到荒漠化的摧残影响和威胁。全世界每年因荒漠化而遭受的损失达420亿美元。

我国是世界上沙漠面积较大、分布较广、荒漠化危害严重的国家之一。沙漠、戈壁及沙化土地总面积为168.9万平方千米，占国土面积的17.6%。除西北、华北和东北的12块沙漠和沙地外，在豫东、豫北平原，在唐山、北京周围，北回归线一带还分布着大片的风沙化的土地。近30年来沙化土地以平均2460平方千米/年的速度在扩展。我国每年因荒漠化危害造成的损失高达540亿元。

在我国因风蚀形成的荒漠化土地面积已超出全国耕地的总和。由于水土流失，中国每年流失土壤达50多亿吨，使土地资源遭受严重破坏。在我国，直接受荒漠化危害影响的人口有5000多万。西北、华北北部、东北西部地区每年约有200亿平方米农田遭受风沙灾害，粮食产量低而不稳定；有1500亿平方米草场由于荒漠化造成严重退化；有数以千计的水利工程设施因受风沙侵袭排灌效能减弱。

荒漠化的发生、发展和社会经济有着密切的关系。人类不合理的经济活动不仅是荒漠化的主要原因，反过来人类又是它的直接受害者。与荒漠化有关的社会经济因素有人口过剩、过度耕种、过度放牧、毁林和低下的灌溉水平。

过度耕种和过度放牧，都与人口增长有着直接的因果关系。人口的增长必然对农产品和畜产品需求量增加，所以导致了过度耕种和过度放牧。过度耕种促进了荒漠化形成：土地的肥力下降和农作物产量下降，土壤表层板结，土壤流失，土壤遭侵蚀等。

森林的过度砍伐，也是荒漠化形成的重要原因。黄河中游的黄土高原，历史上是茂密的森林，由于历代的开发活动和战争因素，使大面积的森林遭受破坏。缺乏森林保护的土地阻挡不住西伯利亚黄土的侵蚀，形成了干旱、荒凉的黄土高坡，面临荒漠化的严重威胁。

沙漠与荒漠的区别

在高中地理教学中，有许多老师和学生将沙漠和荒漠混为一谈，不加区分。其实，两者既有相同、相似之处，也有区别，不能随便混淆或替代。

人们平时所说的沙漠则是荒漠的同义词，既包括沙漠本身，也包括岩漠、砾漠、泥漠和盐漠。

但实际上，荒漠是指地球表面具有特定的地理区域和自然环境的陆地生态系统中的一种。它与草原、森林一样，都是具有地带性涵义的生物气候带类型。其形成时因地带性因素，特别是水热条件及其组合状况，使地球上出现不同的自然生态环境。所以，荒漠是因地带性分异造成的综合体，而沙漠则是在地带性分异的基础上，由非地带性分异产生的综合体；荒漠具有特定的地带性土壤和植被类型，沙漠则是以风沙土和沙生植物为主。

从概念上看，凡是气候干燥、降水稀少、蒸发量大、植被贫乏的地区，或是那种几乎完全没有植被和良好土壤发育的土地都可以称作荒漠。荒漠区气候变化剧烈，风力作用强烈。荒漠按地貌形态和地表组成物质可分为岩漠、砾漠、沙漠、泥漠、盐漠等几种类型。可见，沙漠只是荒漠的一种类型。

岩　漠

岩漠也叫石质荒漠、山地荒漠，是指岩石裸露或布满基岩风化块石的荒漠，以及人为破坏植被、水土流失、岩石裸露的山区，主要分布在干燥地区的山地或山麓地带。物理风化和风蚀作用十分强烈，暴雨洪流作用也很明显。地面除风化碎石外，还常见有风蚀蘑菇、风蚀谷、风蚀洞、风蚀坑、风蚀残丘、风蚀柱等多种风蚀形态，山麓常发育有山麓剥蚀平原。如果地壳长期稳定，则所形成的山麓剥蚀平原可以发展成很大规模，各山麓剥蚀平原面不断扩展而相互联合成大片的山前夷平面。在我国的内蒙古高原、非洲北部、澳大利亚大陆西部等地都可以看到典型的山前夷平面地貌。

岩　漠

砾　漠

砾漠蒙语称为戈壁，是指地面被砾石或碎石覆盖的荒漠，植被奇缺，景色荒凉。砾石质荒漠一般原为洪积、冲积或冰水堆积以及基岩碎石所覆盖，经风力吹蚀后，细的沙和粉尘几乎全部被吹走，残留下粗大的砾石覆盖地面，形成砾漠。砾石经风沙磨蚀，可形成具有棱角而又光滑的风棱石，其棱线与盛行风向一致。在烈日的暴晒下，砾石中所含水分蒸发时会将铁、锰等溶解矿物析出后沉淀在砾石的表面，形成油黑铮亮的薄膜，称荒漠漆。在我国的西北玉门以西、塔里木盆地和柴达木盆地的边缘以及北非阿尔及利亚的部分地区都有砾漠分布。

砾　漠

沙　漠

　　沙漠是沙质荒漠的简称，它是指地面被流沙覆盖并有沙丘发育的荒漠。沙漠是荒漠中所占面积最大的一种类型，一般是由风力堆积作用所致，面积占全球陆地面积的 1/10 左右。沙漠地区的基本地表形态是沙丘，沙丘无

沙　漠

论大小，都具有顺主导风方向向前移动的现象。根据沙丘活动的程度，地理工作者一般将沙漠分为流动沙丘（植被稀疏，覆盖率在10%以下，甚至完全裸露）、半固定沙丘（植被覆盖率在10%～50%，地表流沙呈斑点状分布，有显著风沙活动）和固定沙丘（植被覆盖率在50%以上，地表风沙活动不显著）三大类。

世界主要沙漠有北非撒哈拉沙漠、南亚的印度和巴基斯坦的塔尔沙漠、西亚的阿拉伯沙漠、中亚的卡拉库姆沙漠、澳大利亚的维多利亚沙漠、我国的塔克拉玛干沙漠和腾格里沙漠等。

此外，在荒漠地带外围的干草原地带，也有不少面积被沙丘所覆盖，这就是我们习惯上所说的沙地，因其性质与沙质荒漠相似，通常情况下也泛称为沙漠。如我国内蒙古东部地区科尔沁沙地、呼伦贝尔沙地等。

泥 漠

泥漠又称黏土荒漠，是由黏土物质组成的荒漠。它常分布于干旱区低洼地带的封闭盆地中心，由洪流自山区搬运来的细土物质淤积干涸而成。风蚀作用强，常有风蚀脊、白龙堆发育。泥漠变干时发生多边形的龟裂，并有大量盐分析出，在地表聚积，形成盐土、盐壳甚至盐岩，所以，也称盐沼荒漠。盐沼荒漠地面常呈潮湿盐卤状态，可有少数盐生植物生长。

白色泥漠

盐 漠

盐漠即盐沼荒漠，多位于大河下游和湖泊周围，蒸发强烈，盐碱化严重，一般没有植物生长或只有很稀疏的盐生植物。我国的柴达木盆地就是第四纪中期形成的盐湖，析出的盐岩层厚达20余米。土质中盐分过高，植物很稀疏，成为大片的盐滩地。

阿根廷大盐漠

不同类型的荒漠，在空间上常有一定的分布规律。如在大型内陆盆地，中心部位可有沙漠、泥漠，向外依次过渡为砾漠和岩漠。在亚洲大陆中部，由蒙古高原向外，沿盛行风向有戈壁、沙漠和黄土区依次分布的规律。

除了以上几种类型之外，有时候我们还能见到寒漠这种说法。它是指在高山上部和高纬度亚极地地带，由于低温引起生理干燥的植被贫乏地区。寒漠为荒漠的一种特殊类型，和以上几种类型属于不同的分类方法。

沙化、风沙化、荒漠化及沙漠化

沙 化

土地沙化，是指主要因人类不合理活动所导致的天然沙漠扩张和沙质

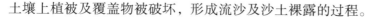

土壤上植被及覆盖物被破坏，形成流沙及沙土裸露的过程。

沙化土地，包括已经沙化的土地和具有明显沙化趋势的土地。

风沙化

出现在湿润、半湿润地区的沙质干河床、河流泛淤三角洲、古河谷、古代河流决口扇和海滨沙地等地段，具有风沙活动并形成风沙地貌景观的土地退化过程。

在湿润、半湿润地区，风蚀作用把地表土层中的细小颗粒和营养物质带走，造成地表土层物质粗化、贫瘠。

风沙化和沙化没有本质的差异，其区别在于沙化是发生在干旱、半干旱地区的沙漠化现象，一般面积比较大，对土地和环境的破坏比较严重；风沙化是发生在湿润、半湿润地区的沙漠化现象，一般面积比较小，分布零散，对土地和环境的破坏比较轻。

荒漠化

1994 年《联合国防治荒漠化公约》指出："荒漠化是各种复杂的自然、生物、政治、社会、文化和经济因素相互作用的结果。"并对荒漠化给予了更加明确的定义：荒漠化是指包括气候变异和人类活动在内的各种因素造成的干旱、半干旱和半湿润干旱地区的土地退化；土地退化是指由于使用土地或由一种营力或数种营力结合致使干旱、半干旱和半湿润干旱地区的雨浇地、水浇地或草原、牧场、森林和林地的生物或经济生产力下降或丧失，其中包括风蚀和水蚀致使土壤物质流失，土壤的物理、化学和生物特性或经济特性退化，及自然植被长期丧失。

目前，全世界 2/3 的国家和地区、1/4 的陆地面积、9 亿人口受其危害，荒漠化已被公认为当今世界的头号环境问题。

造成我国土地荒漠化、沙化并加速扩展的原因是气候因素，但更主要的是不合理的人类活动，表现在 4 个方面：①过度放牧，这是草地沙化、退化的主要原因。②滥樵、滥挖、滥采，这是局部地区土地荒漠化、沙化扩展的重要成因。③滥垦，在固定沙地及草地上开垦耕地使其变成流动和半

13

固定沙地。④滥用水资源，一些地区由于大规模开采地下水，使地下水位急剧下降，导致大片沙生植被干枯死亡，沙丘活化。

沙漠化

沙漠化是指在干旱、半干旱和部分半湿润地区，由于受自然因素或人类活动的影响，破坏了自然生态系统的脆弱平衡，使原非沙漠的地区出现了以风沙活动为主要标志和类似沙漠景观的环境变化过程，以及在沙漠地区发生了沙漠环境条件的强化与扩张过程。简而言之，沙漠化也就是沙漠的形成和扩张过程。

以上 4 个概念（沙化、风沙化、荒漠化、沙漠化）在内涵上是大同小异的，都是在自然和人为因素的影响下，造成土地退化的过程。在外延上则差异较大，荒漠化是发生在干旱、半干旱的半湿润干旱地区，不包括极端干旱和湿润地区。具体指标是由"国际荒漠化公约政府间谈判委员会（INCD）"确定的，即年降水量与潜在蒸发数之比在 0.05～0.65 之间（该指标也称 INCD 湿润指数）。

沙化在我国地域涉及 30 个省、自治区、直辖市的 841 个县（市），其中 10 个省区占全国沙化土地总面积的 97%，沙化土地范围略大于沙漠化地域，比荒漠化范围大得多。

风沙化主要是发生在南方和沿海的湿润地区，在我国地域涉及 14 个省、自治区的 202 个县（市）。

根据我国实际情况，荒漠化包括风蚀、水蚀、盐渍化和冻融等几个方面，地域涉及 18 个省、自治区、直辖市的 471 个县（市）。

沙漠化是发生在北方极端干旱、干旱、半干旱和部分半湿润地区，主要是在人为干扰下，因风蚀造成土地退化的过程，因此，也称风蚀荒漠化或沙质荒漠化。在我国地域涉及 13 个省、自治区、直辖市的 396 个县（市）。

总悬浮颗粒物（TSP）

总悬浮颗粒物（Totd Suspended Particulate，简称 TSP）是指悬浮在大气

14

中不易沉降的所有的颗粒物，包括各种固体微粒、液体微粒等，直径通常在0.1~100微米之间。它主要来源于燃料燃烧时产生的烟尘、生产加工过程中产生的粉尘、建筑和交通扬尘、风沙扬尘以及气态污染物经过复杂物理化学反应在空气中生成的相应的盐类颗粒。在我国甘肃、新疆、陕西、山西的大部分地区，河南、吉林、青海、宁夏、内蒙古、山东、四川、河北、辽宁的部分地区，总悬浮颗粒物污染较为严重。

总悬浮颗粒物的浓度以每立方米空气中总悬浮颗粒物的毫克数表示，用标准大容量颗粒采样器在采样效率接近100%滤膜上采集已知体积的颗粒物。在恒温恒湿条件下，称量采样前后采样膜质量来确定采集到的颗粒物质量，再除以采样体积，得到颗粒物的质量浓度。

总悬浮颗粒物的采集工具

总悬浮颗粒物的监测分析方法为重量法。

可 吸 入 颗 粒 物 （PM10）

通常把粒径在10微米以下的颗粒物称为PM10，又称为可吸入颗粒物或飘尘。

动力学直径小于等于10微米的粒子，是可在大气中长期飘浮的悬浮微粒，也称可吸入微粒、可吸入尘或飘尘。由于粒径小能被入直接吸入呼吸道内造成危害，尤其是小于等于2.5微米的细粒子中，铅、锰、镉、锶、砷、镍、硫酸盐、多环芳烃等含量较高，在空气中持留时间长，易将污染物带到很远的地方使污染范围扩大。对环境的有害影响还有散射阳光、降低大气的能见度等。可吸入尘同时在大气中还可为化学反应提供反应床，是气溶胶化学中研究的重点对象，已被定为空气质量监测的一个重要指标。

颗粒物的直径越小，进入呼吸道的部位越深。10 微米直径的颗粒物通常沉积在上呼吸道，5 微米直径的可进入呼吸道的深部，2 微米以下的可 100% 深入到细支气管和肺泡。

可吸入颗粒物在环境空气中持续的时间很长，对人体健康和大气能见度影响都很大。一些颗粒物来自污染源的直接排放，比如烟囱与车辆。另一些则是由环境空气中硫的氧化物、氮氧化物、挥发性有机化合物及其他化合物互相作用形成的细小颗粒物，它们的化学和物理组成依地点、气候、一年中的季节不同而变化很大。可吸入颗粒物通常来自在未铺沥青、水泥的路面上

可吸入颗粒物采样器

行使的机动车、材料的破碎碾磨处理过程以及被风扬起的尘土。

可吸入颗粒物被人吸入后，会累积在呼吸系统中，引发许多疾病。粗颗粒物的暴露可侵害呼吸系统，诱发哮喘病。细颗粒物可能引发心脏病、肺病、呼吸道疾病，降低肺功能等。因此，对于老人、儿童和已患心肺病者等敏感人群，风险是较大的。另外，环境空气中的颗粒物还是降低能见度的主要原因，并会损坏建筑物表面。

可吸入颗粒物的监测分析方法为质量法。

空气污染指数（API）

空气污染指数（Air Pollution Index，简称 API）就是将常规监测的几种空气污染物浓度简化成为单一的概念性指数值形式，并分级表征空气污染

程度和空气质量状况，适合于表示城市的短期空气质量状况和变化趋势。空气污染的污染物有：烟尘、总悬浮颗粒物、可吸入悬浮颗粒物（浮尘）、二氧化氮、二氧化硫、一氧化碳、臭氧、挥发性有机化合物等。

空气污染指数是根据空气环境质量标准和各项污染物的生态环境效应及其对人体健康的影响来确定污染指数的分级数值及相应的污染物浓度限值。空气质量周报所用的空气污染指数的分级标准是：①空气污染指数（API）50点对应的污染物浓度为国家空气质量日均值一级标准；②API100点对应的污染物浓度为国家空气质量日均值二级标准；③API200点对应的污染物浓度为国家空气质量日均值三级标准；④API更高值段的分级对应于各种污染物对人体健康产生不同影响时的浓度限值。

根据我国空气污染特点和污染防治重点，目前计入空气污染指数的项目暂定为：二氧化硫、氮氧化物和可吸入颗粒物或总悬浮颗粒物。随着环境保护工作的深入和监测技术水平的提高，将调整增加其他污染项目，以便更为客观地反映污染状况。

空气污染指数的分级限值

我国城市空气质量日报 API 分级标准如下：

空气污染指数对应的污染物浓度限值

API	SO$_2$ 日均值	NO$_2$ 日均值	PM10 日均值	CO 小时均值	O$_3$ 小时均值
50	0.050	0.080	0.050	5	0.120
100	0.150	0.120	0.150	10	0.200
200	0.800	0.280	0.350	60	0.400
300	1.600	0.565	0.420	90	0.800
400	2.100	0.750	0.500	120	1.000
500	2.620	0.940	0.600	150	1.200

空气污染指数范围及相应的空气质量类别

空气污染指数 API	空气质量状况	对健康的影响	建议采取的措施
0～50	优	可正常活动	
51～100	良		
101～150	轻微污染	易感人群症状有轻度加剧 心脏病和呼吸系统疾病患者健康人群出现刺激症状	应减少体力消耗和户外活动
151～200	轻度污染	同上	同上
201～250	中度污染	心脏病和肺病患者症状显著加剧 老年人和心脏病、肺病患者应运动耐受力降低	停留在室内，并减少体力活动 健康人群中普遍出现症状
251～300	中度重污染	同上	同上
>300	重污染	健康人运动耐受力降低 老年人和病人应当留在室内，避免有明显强烈症状 体力消耗	一般人群应避免户外活动 提前出现某些疾病

空气质量日报和周期的评报

空气质量日报主要依靠环境空气质量自动监测系统连续不断地实时监测数据，并自动传输到中心控制室，经数据处理和计算后得出当天的空气污染指数，再向社会公布。空气质量自动监测系统是包含了自动分析技术、自动控制技术、计算机技术、远程通讯技术等领域的高新技术。举例来说，测量总悬浮颗粒物的振荡天平方法就是采用了航天飞机上测量颗粒物的技术设备。自动监测系统每 4 分钟就产生一组的监测数据，连续不间断地测量，然后计算出小时均值和日均值，一般来说日均值计算是采用上一天 13 时到次日 12 时的数据。

空气质量的评定

我国空气质量采用了空气污染指数进行评定。空气污染指数是根据环境空气质量标准和各项污染物对人体健康和生态环境的影响来确定污染指数的分级及相应的污染物浓度值。我国目前采用的空气污染指数（API）分为 5 个等级：

（1）API 值小于等于 50，说明空气质量为优，相当于国家空气质量一级标准，符合自然保护区、风景名胜区和其他需要特殊保护地区的空气质量要求；

（2）API 值大于 50 且小于等于 100，表明空气质量良好，相当于达到国家质量二级标准；

（3）API 值大于 100 且小于等于 200，表明空气质量为轻度污染，相当于国家空气质量三级标准；

（4）API 值大于 200 表明空气质量差，称之为中度污染，为国家空气质量四级标准；

（5）API 值大于 300 表明空气质量极差，已严重污染，为国家空气质量五级标准。

沙尘天气的规定和标准

沙尘天气预报警报发布标准

决策服务

预计未来 24 小时内将有沙尘天气过程发生时，在内部公报、专报及决策服务材料中发布沙尘天气预报。

公众预报

国家级标准：

预计未来 24 小时内将有沙尘天气过程发生，且影响范围较大或影响到京津地区时，向社会公众发布沙尘暴警报。

预计未来 24 小时内将有沙尘暴或强沙尘暴天气过程发生，并将造成严重影响时，向社会公众发布沙尘暴警报。

省级标准：

由各省（区、市）气象局参照国家级标准确定。

说明：

（1）省级沙尘天气预报警报发布标准报中国气象局备案。

（2）沙尘天气预报、警报应包括发生沙尘天气的区域、时段、强度、可能造成的影响及对策。

（3）中央气象台向公众发布沙尘天气预报警报前应及时通过有效方式向有关省级气象台通报，省级气象台向公众发布沙尘天气预报警报前应及时通过有效方式向中央气象台及有关气象台站通报。

沙尘来源及沙尘天气路径划分标准

前些年春季，我国境内共发生53次（1999年9次，2000年14次，2001年18次，2002年12次）沙尘天气，其中有33次起源于蒙古国中南部戈壁地区，换句话说，就是每年肆虐我国的沙尘，约有60%来自境外。以2002年为例，中国气象局副局长李黄向媒体公布了研究结果。他说，2002年春季，我国北方共出现了12次沙尘天气过程。具有出现时段集中、发生强度大、影响范围广等3个特点。影响我国的沙尘天气源地，可分为境外和境内2种。分析表明：2/3的沙尘天气起源于蒙古国南部地区，在途经我国北方时得到沙尘物质的补充而加强；境内沙源仅为1/3左右。发生在中亚（哈萨克斯坦）的沙尘天气，不可能影响我国西北地区东部乃至华北地区。新疆南部的塔克拉玛干沙漠是我国境内的沙尘天气高发区，但一般不会影响到西北地区东部和华北地区。

沙尘天气路径分为偏北路径、偏西路径、西北路径、南疆盆地型、局地型等5类。

偏北路径

沙尘天气起源于蒙古国或东北地区西部，受偏北气流引导沙尘主体自北向南移动，主要影响西北地区东部、华北大部和东北南部，有时还会影响到黄淮等地。

偏西路径

沙尘天气起源于蒙古国、内蒙古西部或新疆南部，受偏西气流引导沙尘主体向偏东方向移动，主要影响我国西北、华北，有时还影响到东北地区西部和南部。

21

西北路径

沙尘天气一般起源于蒙古国或内蒙古西部,受西北气流引导沙尘主体自西北向东南方向移动,或先向东南方向移动,而后随气旋收缩北上转向东北方向移动,主要影响我国西北、华北,甚至还会影响到黄淮、江淮等地。

南疆盆地型

沙尘天气起源于新疆南部,并主要影响该地区。

局地型

局部地区有沙尘天气出现,但沙尘主体没有明显地移动。

沙尘暴预警信号发布试行办法

沙尘暴预警信号

沙尘暴预警信号分3级,分别以黄色、橙色、红色表示。

沙尘暴黄色预警信号

含义：24 小时内可能出现沙尘暴天气（能见度小于 1000 米）或者已经出现沙尘暴天气并可能持续。

防御指南：

（1）做好防风防沙准备，及时关闭门窗；

（2）注意携带口罩、纱巾等防尘用品，以免沙尘对眼睛和呼吸道造成损伤；做好精密仪器的密封工作；

（3）把围板、棚架、临时搭建物等易被风吹动的搭建物固紧，妥善安置易受沙尘暴影响的室外物品。

强沙尘暴橙色预警信号

含义：12 小时内可能出现强沙尘暴天气（能见度小于 500 米），或者已经出现强沙尘暴天气并可能持续。

防御指南：

（1）用纱巾蒙住头防御风沙的行人要保证有良好的视线，注意交通安全；

（2）注意尽量少骑自行车，刮风时不要在广告牌、临时搭建物和老树下逗留；驾驶人员注意沙尘暴变化，小心驾驶；

（3）机场、高速公路、轮渡码头注意交通安全；

（4）各类机动交通工具采取有效措施保障安全。

其他同沙尘暴黄色预警信号。

特强沙尘暴红色预警信号

含义：6 小时内可能出现特强沙尘暴天气（能见度小于 50 米），或者已经出现特强沙尘暴天气并可能持续。

防御指南：

（1）人员应当呆在防风安全的地方，不要在户外活动；推迟上学或放学，直至特强沙尘暴结束；

（2）相关应急处置部门和抢险单位随时准备启动抢险应急方案；

（3）受特强沙尘暴影响地区的机场暂停飞机起降，高速公路和轮渡暂时封闭或者停航。

其他同沙尘暴橙色预警信号。

沙尘暴天气的成因及物理机制

沙尘暴缘起土壤风蚀

在中国科学院寒区旱区环境与工程研究所专家的努力下，一项为探讨沙尘物质的启动、传输机理而专门设立的沙尘暴风洞模拟实验已顺利完成。

通过实验，专家们发现，土壤风蚀是沙尘暴发生、发展的首要环节。风是土壤最直接的动力，其中气流性质、风速大小、土壤风蚀过程中风力作用的相关条件等是最重要的因素。另外土壤含水量也是影响土壤风蚀的重要原因之一。

土壤风蚀

这项实验还证明，植物措施是防治沙尘暴的有效方法之一。专家认为，植物通常以3种形式来影响风蚀：分散地面上一定的风动量，减少气流与沙尘之间的传递，阻止土壤、沙尘等的运动。

此外，通过实验研究人员得出一条结论：沙尘暴发生不仅是特定自然环境条件下的产物，而且与人类活动有对应关系。人为过度放牧、滥伐森林植被，工矿交通建设尤其是人为过度垦荒破坏地面植被，扰动地面结构，形成大面积沙漠化土地，直接加速了沙尘暴的形成和发育。

沙尘暴的元凶：大气环流

北京春天里发生沙尘暴的短暂一幕，只不过是中国北方连绵约 30 万平方千米的黄土高原在两三百万年中每年都要经历的天气过程，所不同的是，后者的风力更强，刮风的时间更长（可以持续几天）。沙尘的来源并不是 50 米开外的十字路口，而是上百千米以外的沙漠和戈壁。

就如同上帝在玩一个匪夷所思的游戏：他把中国西北部和中亚地区沙漠和戈壁表面的沙尘抓起来往东南方向抛去，

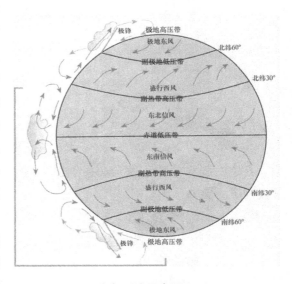

大气环流示意图

任凭沙尘落下的地方渐渐堆积起一块高地。这个游戏从大约 240 万年以前就开始了，上帝至今乐此不疲（2002 年《自然》杂志发表了中国学者的最新研究成果，把其开始的时间推到了 2200 万年前）。

事实上，风就是上帝抛沙的那只手。

印度板块向北移动与亚欧板块碰撞之后，印度大陆的地壳插入亚洲大陆的地壳之下，并把后者顶托起来。从而喜马拉雅地区的浅海消失了，喜马拉雅山开始形成并渐升渐高，青藏高原也被印度板块的挤压作用隆升起来。这个过程持续 6000 多万年以后，到了距今大约 240 万年前，青藏高原已有 2000 多米高了。

地表形态的巨大变化直接改变了大气环流的格局。在此之前，中国大陆的东边是太平洋，北边的西伯利亚地区和南边喜马拉雅地区分别被浅海占据着，西边的地中海在当时也远远伸入亚洲中部，所以平坦的中国大陆大部分都能得到充足的海洋暖湿气流的滋润，气候温暖而潮湿。中国西北部和中亚内陆大部分为亚热带地区，并没有出现大范围的沙漠和戈壁。

然而东西走向的喜马拉雅山挡住了印度洋暖湿气团的向北移动，久而久之，中国的西北部地区越来越干旱，渐渐形成了大面积的沙漠和戈壁。这里就是堆积起了黄土高原的那些沙尘的发源地。体积巨大的青藏高原正好耸立在北半球的西风带中，240万年以来，它的高度不断增长着。青藏高原的宽度约占西风带的1/3，把西风带的近地面层分为南北2支。南支沿喜马拉雅山南侧向东流动，北支从青藏高原的东北边缘开始向东流动，这支高空气流常年存在于3500～7000米的高空，成为搬运沙尘的主要动力。与此同时，由于青藏高原隆起，东亚季风也被加强了，从西北吹向东南的冬季风与西风急流一起，在中国北方制造了一个黄土高原。

世界最大的黄土高原在中国

在中国西北部和中亚内陆的沙漠和戈壁上，由于气温的冷热剧变，这里的岩石比别处能更快地崩裂瓦解，成为碎屑，地质学家按直径大小依次把它们分成：砾（大于 2 毫米）、沙（2～0.05 毫米）、粉沙（0.05～0.005 毫米）、黏土（小于 0.005 毫米）。黏土和粉沙颗粒，能被带到 3500 米以上的高空，进入西风带，被西风急流向东南方向搬运，直至黄河中下游一带才逐渐飘落下来。

两三百万年以来，亚洲的这片地区从西北向东南搬运沙土的过程从来没有停止过，沙土大量下落的地区正好是黄土高原所在的地区，连五台山、太行山等华北许多山的顶上都有黄土堆积。当然，中国北部包括黄河在内的几条大河以及数不清的沟谷对地表的冲刷作用与黄土的堆积作用正好相反，否则的话，黄土高原一定不会是现在这样，厚度不超过 409.93 米。太行山以东的华北平原也是沙土的沉降区，但是这里是一个不断下沉的区域，同时又发育了众多河流，所以落下来的沙子要么被河流冲走，要么就被河流所带来的泥沙埋葬了。

中国古籍里有上百处关于"雨土"、"雨黄土"、"雨黄沙"、"雨霾"的记录，最早的"雨土"记录可以追溯到公元前 1150 年：天空黄雾四塞，沙土从天而降如雨。这里记录的其实就是沙尘暴。

雨土的地点主要在黄土高原及其附近。古人把这类事情看成是奇异的灾变现象，相信这是"天人感应"的一种征兆。晋代张华编的《博物志》中就记有："夏桀之时，为长夜宫于深谷之中，男女杂处，十旬不出听政，天乃大风扬沙，一夕填此空谷。"

1966～1999 年，发生在我国的持续 2 天以上的沙尘暴竟达 60 次。中科院刘东生院士认为，黄土高原应该说是沙尘暴的一个实验室，这个实验室积累了过去几百万年以来沙尘暴的记录。中国西北部沙漠和戈壁的风沙漫天漫地洒过来，每年都要在黄土高原上留下一层薄薄的黄土。

沙源主要释放地

据科考专家最新的研究表明，农牧交错带、沙漠边缘和旱作农业区成为我国沙尘暴尘源的主要释放地。

中国科学院寒区旱区环境与工程研究所研究员杨根生说，这 3 个区从物

我国四大沙尘暴源区

质上来讲，含的沙粒的程度很高。沙漠也是个尘源，但是它经过几百万年风蚀，细的物质基本上都吹到黄土高原去了，留下的粉尘最多也就是3% ~5%。

杨根生教授分析，我国的农牧交错带主要分布在贺兰山以东的半干旱和半湿润气候区。这个地区的自然植被以草原为主，但由于该地区近年来存在着耕地数量盲目扩大等一些不合理的人类活动，造成土壤结构破坏，土地沙化严重。专家提供的数据表明，近四十年来，我国腾格里沙漠的面积并没有明显变化，边缘地区以草原为景观的生态隔离带的破坏却相当严重，其中2/3生态过渡带已经不复存在。它已经成为沙尘暴尘源释放地。

杨根生还说，由于旱作农业区主要是它本身沙尘就多，这样经过人类活动以后，它就起沙尘了。

沙尘暴的人为因素

引起我国沙尘暴和荒漠化的人为因素即不合理生产活动包括：

（1）滥垦：主要是黑龙江、内蒙古、甘肃和新疆等地。卫星遥感调查表明，1986～1996年10年间刨草毁林现象严重，共开垦面积为174万公顷，而保留耕地总面积只有88.4万公顷，占开垦总面积的50.8%。撂荒形成了大面积的沙化土地，扩大了荒漠化，为沙尘暴形成提供了丰富的沙尘物质。

滥　垦

（2）滥伐：西部地区由于滥伐林木，流沙四起。如位于草原向森林过渡地带的河北坝上地区，由于滥砍滥伐森林，使生态环境遭到严重破坏。

滥　伐

（3）滥牧：内蒙古中部的浑善达克沙地由于过度放牧导致草场退化、沙化，1989～1996 年的 7 年间流沙面积增加了 93.3%，草地面积减少了 28.6%，加之该地区畜群点和饮水点布局不合理，使草场植被破坏严重，风蚀加剧。

滥　牧

（4）滥用水资源：西北干旱、半干旱地区水资源总量主要来源于降水、地表径流和地下水。多年来各地对水资源的利用缺乏科学管理，浪费现象十分严重，上游灌溉缺乏严格制度，灌溉用水量过大。严重的水资源短缺和分配不均造成西北地区生态用水困难，使大面积天然林死亡，植被干枯。在经济建设事业不断发展、水资源开发强度日益增加的情况下，致使河流下游断水，地下水开采过度，水土不平衡和沙化加剧，一旦出现频繁的寒潮大风天气，再加上地表覆被状况恶化，两个原因叠加，就容易造成强沙尘天气的连续出现。

沙尘暴天气的危害

沙尘暴主要危害方式

（1）强风：携带细沙粉尘的强风摧毁建筑物及公用设施，造成人畜伤亡。

（2）沙埋：以风沙流的方式造成农田、渠道、村舍、铁路、草场等被大量流沙掩埋，尤其是对交通运输造成严重威胁。

（3）土壤风蚀：每次沙尘暴的沙尘源和影响区都会受到不同程度的风蚀危害，风蚀深度可达 1～10 厘米。据估计，我国每年由沙尘暴产生的土壤细粒物质流失高达 106～107 吨，其中绝大部分粒径在 10 微米以下，对源区农田和草场的土地生产力造成严重破坏。

（4）大气污染：在沙尘暴源地和影响区，大气中的可吸入颗粒物增加，大气污染加剧。以 1993 年 "5·5" 特强沙尘暴为例，甘肃省金昌市的室外空气的 TSP 浓度达到

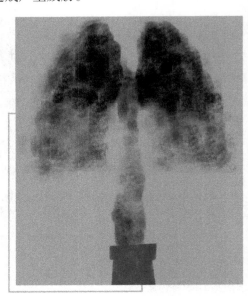

大气污染

1016 毫克/米³，室内为 80 毫克/米³，超过国家标准的 40 倍。2000 年 3～4 月，北京地区受沙尘暴的影响，空气污染指数达到四级以上的有 10 天，同时影响到我国东部许多城市。3 月 24～30 日，包括南京、杭州在内的 18 个城市的日污染指数超过四级。

黑风的危害

黑风的危害主要有 2 个字：① "风"；② "沙"。
大风的危害也有 2 点：①风力破坏；②刮蚀地皮。

黑风暴滚滚而来

先说风力破坏。大风破坏建筑物，吹倒或拔起树木电杆，撕毁农民塑料温室大棚和农田地膜等。此外，由于西北地区 4、5 月正是瓜果、蔬菜、甜菜、棉花等经济作物出苗、生长子叶或真叶期和果树开花期，此时最不耐风吹沙打。轻则叶片蒙尘，使光合作用减弱，且影响呼吸，降低作物的产量；重则苗死花落，那就更谈不上成熟结果了。例如，1993 年 5 月 5 日的黑风，使西北地区 8.5 万株果木花蕊被打落，10.94 万株防护林和用材林折断或连根拔起。此外，大风刮倒电线杆造成停水停电，影响工农业生产。1993年5月5日黑风造成的停电停水，仅金昌市金川公司一家就造成经济损失8300万元。

大风作用于干旱地区疏松的土壤时会将表土刮去一层，叫作风蚀。例如1993年5月5日黑风平均风蚀深度10厘米（最多50厘米），也就是每100平方米地平均有60～70立方米的肥沃表土被风刮走。其实大风不仅刮走土壤中细小的黏土和有机质，而且还把带来的沙子积在土壤中，使土壤肥力大为降低。此外大风夹沙粒还会把建筑物和作物表面磨去一层，叫作磨蚀，也是一种灾害。

沙的危害主要是沙埋。前面说过，狭窄迎风和隆起等地形下，因为风速大，风沙危害主要是风蚀，而在背风凹洼等风速较小的地形下，风沙危害主要便是沙埋了。例如，1993年5月5日黑风中发生沙埋的地方，沙埋厚度平均20厘米，最厚处达到了1.2米。

此外更重要的是人的生命的损失。例如1993年5月5日黑风中共死亡85人，伤264人，失踪31人。此外，死亡和丢失大牲畜12万头，农作物受灾56000万平方米，沙埋干旱地区的生命线水渠总长2000多千米，兰新铁路停运31小时，总经济损失超过5.4亿元。

沙尘暴的主要危害

沙尘暴天气是我国西北地区和华北北部地区出现的强灾害性天气，可造成房屋倒塌、交通供电受阻或中断、火灾、人畜伤亡等，污染自然环境，破坏作物生长，给国民经济建设和人民生命财产安全造成严重的损失和极大的危害。沙尘暴危害主要在以下几方面：

生态环境恶化

出现沙尘暴天气时狂风裹着沙石、浮尘到处弥漫，凡是经过地区空气浑浊，呛鼻迷眼，呼吸道等疾病人数增加。如1993年5月5日发生在金昌市的强沙尘暴天气，监测到的室外空气含尘量为1016毫米/厘米^3，室内为 80 毫米/厘米³，超过国家规定的生活区内空气含尘量标准的 40 倍。

生产生活受影响

沙尘暴天气携带的大量沙尘蔽日遮光，天气阴沉，造成太阳辐射减少、几小时到十几个小时恶劣的能见度，容易使人心情沉闷，工作学习效率降低。轻者可使大量牲畜患染呼吸道及肠胃疾病，严重时将导致大量"春乏"牲畜死亡、刮走农田沃土、种子和幼苗。沙尘暴还会使地表层土壤风蚀、沙漠化加剧，覆盖在植物叶面上厚厚的沙尘，影响正常的光合作用，造成作物减产。

生命财产损失

1993 年 5 月 5 日，发生在甘肃省金昌、威武、民勤、白银等地市的强沙尘暴天气，受灾农田 253.55 万平方米，损失树木 4.28 万株，造成直接经济损失达 2.36 亿元，死亡 50 人，重伤 153 人。2000 年 4 月 12 日，永昌、金昌、威武、民勤等地市强沙尘暴天气，据不完全统计仅金昌、威武两地市直接经济损失达 1534 万元。

交通安全（飞机、汽车等交通事故）

沙尘暴天气经常影响交通安全，造成飞机不能正常起飞或降落，使汽车、火车车厢玻璃破损、停运或脱轨。

沙尘暴肆虐全球罕见景象

沙尘带如蛇一般经过红海

2009 年拍摄的一张卫星图片显示，一条厚厚的沙尘带如蛇一般经过红海。

沙尘经西西里岛进入希腊西部

源自北非的沙尘穿过地中海沿岸国家，经西西里岛进入希腊西部。世界气

沙尘带如蛇一般经过红海

象组织称，到达阿尔卑斯山以北地区的撒哈拉沙漠沙尘暴的频率达到1月1次。

盘旋在中国东北的巨大沙尘气旋

盘旋在中国东北的巨大沙尘气旋

盘旋在中国东北（图片底部中心位置是朝鲜半岛北部）上空的巨大沙尘气旋。这个气旋云正推动覆盖下方土地的沙尘前进，连一些较低的云层也被覆盖了。据目击者报告，沙尘所到之处，天空就像黑夜般黑暗，沙尘最远蔓延至北美的五大湖区。

中国甘肃省民勤县

中国甘肃省民勤县，一个农民在沙尘暴中艰难前行。中国北方、美国部分地区、非洲萨赫勒、中东和澳大利亚常常遭到严重的沙尘暴的侵袭。沙尘暴行进数千千米，有时会在高层大气中绕地球 2 圈。

中国甘肃省民勤县沙尘暴

北京紫禁城云龙石雕

北京紫禁城的云龙石雕蒙上一层尘土，这些尘土来自一场 2009 年 4 月席卷中蒙边境的沙尘暴。第二天一大早，居民发现房屋、街道和汽车覆盖了棕色的沙尘。卫生部门建议居民呆在家中不要出去，如要外出应戴上面罩。

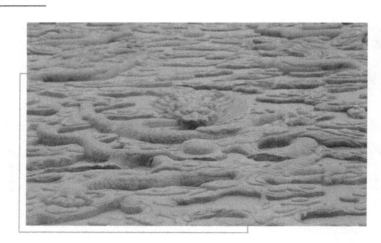

北京紫禁城云龙石雕

38

阿尔及利亚克扎兹

撒哈拉沙漠地区的沙尘暴季从每年的 3 月持续到 4 月。撒哈拉沙尘暴多始于乍得，狂风携带的灰尘穿过大西洋，到达加勒比海和美国。20 世纪 50 年代以来，撒哈拉沙尘暴的强度大大增强，造成尼日尔、乍得、尼日利亚和布基纳法索等国表土大规模流失，粮食减产。

阿尔及利亚克扎兹沙尘暴

伊拉克首都巴格达

2009 年 7 月，伊拉克首都巴格达，橘子树上布满沙尘。一场多年来最严重的沙尘暴今年夏天在这个国家肆虐。伊拉克当前正处在一个 3 年干旱期的中期，一度遭受持续 18 天之久的沙尘暴侵袭。

伊拉克首都巴格达的橘子树

也门瓦迪穆尔

2003 年，也门瓦迪穆尔，一个骑着毛驴的男孩险些被沙尘暴吞没。

也门瓦迪穆尔骑着毛驴的男孩

马　里

2001 年，马里，一棵树承受沙尘暴的侵袭。撒哈拉沙漠是沙尘暴的主要来源，特别是覆盖毛里塔尼亚、马里以及阿尔及利亚的广阔地区。

一棵树在沙尘暴之中

2001 年，马里，一群妇女被笼罩在沙尘暴之中。沙尘暴会造成土壤流失，尤其是富含养分的最轻土粒的流失，从而使农业生产力下降。

一群妇女被笼罩在沙尘暴之中

阿富汗喀布尔

2008 年 10 月，阿富汗喀布尔，一名年幼的阿富汗难民蜷缩在帐篷一角，躲避沙尘暴。

阿富汗喀布尔难民

美国纪念谷

美国纪念谷某地遭遇从犹他州和亚利桑那州交界处袭来的沙尘暴的情景。

美国纪念谷

羽状尘土经过阿根廷海岸

越来越多的羽状尘土延续前一个月断断续续的模式，2009 年 2 月从阿根廷海岸经过，形成一个个微小的弧形，以逆时针方向在大西洋周围活动。这部分地区在阿根廷亦称巴塔哥尼亚，贫瘠的土地被无情的狂风肆虐。2009年初，阿根廷10多年来最严重的干旱加剧了巴塔哥尼亚的缺水状况。羽状尘土的源头似乎是戈尔夫圣马蒂亚斯以北的一个农业区。

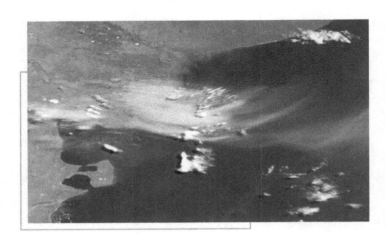

羽状尘土经过阿根廷海岸

太空看撒哈拉沙漠沙尘暴

1992 年 5 月，从美宇航局"奋进"号航天飞机上看到的肆虐撒哈拉沙漠的沙尘暴。沙尘暴覆盖利比亚和阿尔及利亚境内数百千米的地区。

太空看撒哈拉沙漠沙尘暴

沙尘暴与自我保护

沙尘天气的自身防护要点

沙尘天气会给人们增加许多烦恼，同时与沙尘有关的疾病也会趁机发生。不过，只要采取以下几项预防措施，就可以使你在沙尘天气里保持健康。

提早进行预防

预防胜于治疗，在大风、干燥、多尘的天气里，细菌病毒和支原体等微生物活动频繁，并利于传播，容易诱发咽炎、鼻出血、眼干、角膜炎、气管炎、哮喘等。平时可口含润喉片，保持咽喉凉爽舒适；滴几次润眼液以免眼睛干燥；有鼻出血的情况可以经常在鼻孔周围抹上几滴甘油，以保持鼻腔的湿润，防止毛细血管破裂引起出血。

避开风沙锻炼

锻炼身体增加机体抵抗力，是避免受凉感冒，特别是预防呼吸道疾病复发的主要方法。有风沙时应尽量避开室外锻炼，尤其是老人、体弱者，应该在室内锻炼。

保持室内湿度

试验表明，50%～60%的相对湿度对人体最为舒适。在风沙天气里，空气十分干燥，相对湿度偏小，人们咽干口燥，容易上火，导致容易引发或者加重呼吸系统疾病，还会使皮肤干燥，失去水分。对此，室内可以使用加湿器，以及洒水、用湿墩布拖地等方法，以保持空气湿度适宜。

外出注意挡沙尘

口罩的主要功能是为了防止外界有害气体吸入呼吸道。戴口罩可以有效地防止口鼻干燥、喉痒、痰多、干咳等。帽子和丝巾可以防止头发和身体的外露部位落上尘沙，解决皮肤瘙痒给人们带来的不快。风镜可减少风沙入眼的概率，风沙吹入眼内会造成角膜擦伤、结膜充血、眼干、流泪。一旦尘沙吹入眼内，不能用脏手揉搓，应尽快用流动的清水冲洗或滴几滴眼药水，不但能保持眼睛湿润易于尘沙流出，还可起到抗感染的作用。

多喝水，多吃水果

尘沙干燥天气易出现唇裂、咽喉干痒、鼻子冒烟等情况，也就是老百姓所说的上火，机体缺水还可出现排便困难，引起痔疮、肛裂、便血。多饮粥类、汤类、茶水、果汁，增加机体水分含量，补充丢失的水分，加快体内各种代谢废物的排出。

及时清洁灰尘

风沙天气从外进家后，可以用清水漱漱口，清理一下鼻腔，减轻感染的机率。有条件的应该洗个澡，及时更换衣服，保持身体洁净舒适。房间内落满灰尘要及时清理，用湿抹布擦拭，以免造成室内尘土飞扬，吸入呼吸道。

注意皮肤保养

在干燥的浮尘天气，人体皮肤表面的水分极易被风尘带走，皮肤变得粗糙。所以外出回家后，要及时清洗面部，擦上补水护肤品。

注意人身安全

扬沙天气中要注意人身安全，应尽可能远离高大的建筑物，不要在广告牌下、树下行走或逗留。遇见强沙尘暴天气时，在路上的司机朋友不要赶路，应把车停在低洼处，等到狂风过后再行驶。

沙尘天气易诱发四大疾病

大风、沙尘的异常天气导致很多人身体出现不适。

人们不要对天气变化掉以轻心，老人和小孩应当是重点保护人群，因为老人和小孩的抵抗力本身就比常人弱，加之有些老人已经患有慢性气管炎。如果在风沙天里不注意保护的话，将会旧病复发，或者引发其他疾病。由异常天气直接引起的疾病种类较多，特别是对眼、鼻、喉、皮肤等直接接触部位的损害较为明显。其中，眼、鼻、喉、皮肤等直接接触部位的损害主要表现为刺激症状和过敏反应，而肺部受损则较为严重和广泛。

沙尘最先伤害肺部

人未加防范而遭遇高密度沙尘时，首先会引起各种刺激症状，如流鼻涕、流泪、咳嗽、咳痰等，以及气短、乏力、发热、盗汗等全身反应。这些多为短期症状，是人体清除异物的自我保护方式，一般损害不会持续存在。不过，有时反应也会很严重，特别是首次或突然大量接触高密度沙尘时，可表现为突发气促、胸痛、胸闷、头疼、头晕等，原有哮喘、慢性肺病、心脏病等患者会更明显。所以，有呼吸道疾病及抵抗力较弱的人士在风沙天里最好不要外出。

进入肺部的颗粒物可导致支气管的通气功能下降、肺泡的换气功能丧失，并可进一步引起多方面的危害。长期生活在颗粒物污染环境中，免疫功能会受到明显抑制，导致呼吸系统对感染的抵抗力下降，呼吸道疾病患病率增加。

美国科学家还发现，细微沙尘颗粒与肺病、心脏病死亡率之间存在相关关系。澳大利亚的研究则显示，沙尘暴可能与该国哮喘高发密切相关。我国也曾做过一项调查，在新疆部分地区居住 30 年以上的居民中非职业性尘肺患者占一定比例，且与其生活在扬沙、浮尘环境关系密切，因此将这

45

种病称为风沙尘肺。

沙尘较大的天气尽量减少外出，不得不出行时建议戴上口罩。

鼻咽炎专找上班族

据了解，中日友好医院耳鼻喉科曾有一周时间科室门诊量增加了20%以上，耳鼻喉科杨大章主任医师说，过敏性鼻炎、急性鼻炎、咽炎以及哮喘患者明显增多，其中大部分是上班族。

中日友好医院杨大章介绍说，春季气温逐渐转暖，病菌也变得异常活跃，如果遇上了扬尘天气，沙尘中附着许多杂物和病菌，会随着呼吸进入体内，刺激人体出现流鼻涕、鼻痒、连续打喷嚏等症状。风沙太大的时候，沙尘顺着鼻腔和口腔直接侵入咽喉，甚至还有可能引发耳道炎。他建议大家外出时戴上口罩、围巾或帽子，注意保暖，同时由于最近呼吸道疾病患者较多，应少去人多的场合，避免疾病交叉传染。

中日友好医院呼吸内科副主任医师苏楠提醒大家，通常情况下人的鼻腔对尘埃有一定的过滤作用，但沙尘天气带来的细微粉尘过多过密，很有可能使患有呼吸道、过敏史的人群旧病复发，或使病情加重。即使没有呼吸道病史的人，吸入大量的尘土，也容易出现咳嗽、气喘等多种不适症状。对于年老体弱者，呼吸道疾病有可能成为肺炎、肺心病发作的重要诱因，千万不可掉以轻心。

"隐形"族谨防结膜炎

忽高忽低的气温变化和空气质量下降使人们很容易患上感冒，从而引发病毒性结膜炎和病毒性角膜炎，这时的眼部环境非常脆弱。

沙尘天气里近视者应尽量选择佩戴普通的框架式眼镜。这样一方面眼镜起到了保护作用，阻挡沙尘进入眼中；另一方面，一旦有沙尘微粒进入眼部，泪腺分泌的泪水也可以及时将微粒冲洗掉。而隐形眼镜在佩戴时相对固定于眼球表面，当粉尘不慎进入眼睛，很容易附着在隐形眼镜上，从而导致病菌滋生。如果经常戴隐形眼镜又不注意眼部卫生，极易使炎症加重。

中日友好医院眼科主任医师陈术提醒，当沙尘和异物进入眼内，切忌用手去揉眼睛，这样容易对眼睛造成伤害，轻者可能造成疼痛、视觉模糊，损伤严重的还会引起角膜炎。当风沙进入眼睛时，应到背风处进行妥善处置。有些灰尘可以随着泪液流出，应尽量眨眼或提起眼睑轻轻抖动，以增加泪液分泌，必要时一定要及时到医院就诊。

对抗过敏性皮炎

中日友好医院皮肤科主任医师汪晨认为，春天风多干燥，皮肤表层的水分极易丢失，造成面部、手部皮肤粗糙、发红甚至干裂。时间久了，还可能引起细菌感染。各种尘埃和坳物进入毛孔后，若不及时去除很容易出现风疹瘩、痤疮、皮肤瘙痒等，过敏体质的人还容易出现各种过敏性皮炎及皮疹。

汪晨建议，在外出活动或工作时要采取保护性措施，如戴口罩或用纱巾蒙头等。回到室内要勤洗手洗脸，保持皮肤清洁。还要注意适当擦一些保湿度高、温和的护肤品，以免皮肤干裂受伤。此外，对于经常使用化妆品的女性来说，外出时最好不要化浓妆，因为粉尘和空气中的污染物容易与化妆品混合而产生化学反应，加重对皮肤的刺激。一旦出现面部皮肤发红、发痒、起疹子，患者切忌盲目涂药或服药，应该到医院向皮肤科医生咨询。

医学专家介绍，初春正是过敏性皮炎好发季节。吃海鲜过敏、食物中毒、吃错了药，这些都能引起皮肤局部过敏。

沙尘天气行车7项注意

每逢春季的沙尘暴引发的沙尘天气，严重影响着人们的正常出行，特别给行车安全带来诸多安全隐患。交管部门指出，减少沙尘天气交通事故，驾车司机应做到7项注意：

（1）沙尘暴致天空呈黄灰色，光线暗，能见度降低，所以司机驾车不要戴有色眼镜。

（2）因沙尘天气能见度降低，司机应开启雾灯、防眩目近光灯、示廓灯和前后位灯，如能见度为100～200米时，速度最好控制在40千米/小时内，夜间速度应控制在 30 千米/小时以下。

（3）严格执行各行其道的原则，因沙尘天气行车很难看清远处物体，如占道行车极易在会车时相刮或相撞。还应加大与前车距离，降低车速，不要频繁并道或变更车道，变更车道要提前打开转向灯，还要观察行人及非机动车动态。

（4）沙尘天气还会伴有黄灰色降雨，车辆前挡风玻璃和车窗会被泥土遮挡而影响司机视线。这时司机要及时擦掉玻璃上泥沙或尘土，也可打开玻璃喷水开关和雨刮器清理。

（5）驾车注意路面泥水。因路面摩擦力减少，轮胎易打滑，一旦遇险情难以刹住车，如降雨太大应停车等雨停后再行驶。

（6）停车不要溜边。因沙尘天大风常致建筑物、户外广告坍塌，停车应远离楼房、广告、枯树。

（7）应避让大货车，小型车超越集装箱车时要注意大货车产生的侧向风，千万不能大幅度回轮。

沙尘迷眼用手很危险

入春以来的扬沙和沙尘暴天气使一些地区的空气受到污染，天气对人的健康会造成一定的影响，尤其是无孔不入的沙尘一旦进入眼睛，就会带来疼痛和不适。迷眼后立刻会感到眼被磨疼，睁不开。有人习惯性地用力揉眼，想使异物立刻出来，这样做其实很危险。揉搓眼睛，不仅异物出不来，还会引起眼内感染，甚至造成角膜损伤。

正确的处理方法是：

（1）闭上眼睛休息片刻，等到眼泪大量分泌、不断夺眶而出时，再慢慢睁开眼睛眨几下。大多数情况下，大量的眼泪会把眼内异物冲洗出来。

（2）把上眼皮轻轻向上提起拉几下，使用眼泪冲洗，眼球转动，再睁开眼，往往能把异物排出眼外。

（3）请人将患眼撑开，直接用清水冲洗眼睛。

（4）把上眼睑翻开，翻眼皮时，令病人向下看，急救者用拇指和食指捏住上眼皮，稍向前拉牵，食指轻压拇指向上翻，找到异物用湿棉签、湿手绢将异物取出。禁用干布擦拭眼球，防止损伤角膜。有时需借助于手电、照明灯之光，才能发现异物。

如果上述方法都无效，可能是异物陷入眼组织内，应立即到医院请眼科医生取出，千万不要用针挑或其他不洁物体擦拭，以免损伤眼球，导致眼睛化脓感染。异物取出后，可滴入适量眼药水或眼药膏，以防感染。

现代沙尘暴正在悄然传播疾病

口蹄疫传播帮凶原是沙尘暴

直至目前，我们对沙尘暴的认识还停留在沙埋、风蚀、大风袭击和污染大气环境上，其实这已是半个世纪前的旧观念了。沙尘暴对人类直接的侵害已经超过了它对环境的破坏。在大型传染性疾患的传播上，它已从推波助澜、助纣为虐升级为大打出手的急先锋了。

最生动的例证就是口蹄疫在英国的登陆。谁能料到非洲北部沙漠里的口蹄疫病毒，会在一周内浩浩荡荡地跨越大西洋，稳稳当当地落在英国的牛栏里，并在半月内横扫欧洲，致使数百万头牛被宰杀、焚烧、掩埋。

原来，非洲因气候干旱经常发生牛群瘟疫。土著牧民们习惯了这种情况，每发现有患病的牛，他们便会上去杀一刀，结束它的生命。殷红的鲜血和病牛的遗骸一并被遗弃在茫茫沙漠上，在烈日的暴晒下，它们很快就会腐败变质。日复一日，沙漠中积聚了一层又一层的极易发生恶变的毒菌——口蹄疫就是它的衍生物之一。从赤道吹来的一股气流逐渐变成狂暴的风魔，在惊恐万状的黄沙上翻滚吼叫，猛力地抽打着隆起的沙丘，卷起成千上万吨的细细尘埃呼啸而去。8天之后，尊贵的英国伦敦市民在清晨醒来的时候，发现他们的家闯进来许多的"客人"——书桌和地板布满一层细细的红尘。仅仅又过了3天，政府和媒体相继宣告：英国爆发口蹄疫！超过400万头牲畜提前挨刀命丧黄泉。一时间血光四起，火光冲天，2000家农场被军队和防疫部门确定为传染区，严密封锁，英国政府动用了全国的力量，才没使口蹄疫蔓延开来。

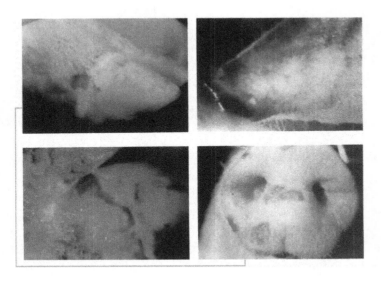

口蹄疫

1/4 茶匙尘埃能携带几百万微生物

客观地说，沙尘暴虽作恶多端，但它终究还只是帮凶，元凶还是人类自己制造的有毒物质。在空气的尘埃中现在已经培养出了100多种细菌、病菌和真菌。大约有1/3的细菌是能感染动植物和人类的病原菌。其中有能感染耳朵和皮肤的假单胞菌，有能导致甘蔗腐烂、土豆干腐和香蕉叶生斑的微生物，还有一种对海洋中珊瑚有致命威胁的真菌。

20世纪70年代以来，加勒比海珊瑚的剧减，可能和非洲沙尘带来的一种无名病原菌有关。科学家注意到，非洲沙尘在加勒比海地

珊瑚礁

区沉积多的年份，也正是本地区珊瑚礁大量死亡的年份。

在 1/4 茶匙的尘埃中能携带几百万甚至几亿个微生物，就连成群蚱蜢都能在尘云穿越大西洋的过程中存活下来。

风沙天气护肤清洁最重要

天气骤冷，风沙、干燥和紫外线成为这个时节皮肤的头号杀手。当人们在户外活动的时候，风沙扑面而来，不但会被弄得尘土满面，而且皮肤很容易干燥，细纹不知不觉地爬上了你的眼角。那么，如何在风沙漫天的日子，呵护你娇嫩的皮肤呢？

油性皮肤用凉开水洁面

对于容易长痘痘和生雀斑的皮肤来说，风沙只会让这些皮肤问题更加严重。如果平时出门习惯化妆的女性朋友，空气中的粉尘很容易通过彩妆附着在皮肤表面，导致肌肤不能自由呼吸。如果清洁不彻底，很容易产生角质粗厚、粉刺、脂肪粒等问题。既破坏肌肤美观，又影响保养品的吸收。因此，风沙天气，清洁皮肤是呵护皮肤的基础步骤。

油性皮肤可以用凉开水洁面。将凉开水自然冷却到 20℃～25℃ 时，溶解在其中的气体比沸腾前减少了 1/2 左右，水质也随之发生变化，内聚力增大，分子与分子之间更加紧密，表面张力加强。这样的水质与皮肤细胞内的水分十分接近，因此更易浸透到皮肤里，从而使皮肤更加细腻、红润、有光泽。

皮肤比较干的朋友可以用蒸气洁面法。蒸气可使面部皮肤毛孔扩张，排除淤积于毛孔内的污垢，同时，补充细胞新陈代谢所需要的水分，使干燥、粗糙的皮肤变得细嫩。

具体方法：先用中性香皂洗净面部，而后在脸盆中倒入 80℃～90℃ 的热水，脸部在距水面 5～10 厘米处保持平行，持续 10 分钟左右后用 40℃ 左右的水洗面，再用冷水浸透毛巾擦几次，使皮肤毛孔收缩。

通常情况下，每天可以对面部清洁 2 次，选用一些质地柔和的洁面乳帮助清洁，习惯化妆的朋友可以借助冷霜、卸妆乳液、化妆棉等先行清除残妆后再洁面。清洁一定要仔细，保养皮肤才能取得事半功倍的效果。每周定期到美容院去角质，彻底清洁皮肤。

护肤多从保湿下手

风沙天气干燥是皮肤的天敌，所以每次清洁完脸部皮肤后一定要及时补充水分，让皮肤时刻保持湿润。在护肤品的选择上，一定要选用比较清爽的保湿品。可选用保湿化妆水迅速补充流失水分，维持肌肤润泽、酸碱平衡，再涂抹一层保湿霜，也可以把精华液和精油混合起来涂抹在皮肤上，这样保湿效果会更好。如果选用的产品油性太大，皮肤就无法正常吸收，容易引起阻塞，长粉刺、痘痘，有损肌肤健康。

保湿面膜是不错的选择，其中所含的保湿成分能深层滋润角质层，为缺水肌肤提供长效润泽，使之柔嫩、细滑。每周至少敷 2 次面膜，也可在家自己做保湿面膜。把少许精油滴在面膜上，保湿效果会更好。

要想有水嫩肌肤，首先要从饮食上下功夫，多喝水，少吃辛辣食品和葱、蒜等刺激性的食物。西红柿可以健胃消食，抗衰老；胡萝卜可以减轻皮肤干燥。如果是上班一族，皮肤在办公室很容易因使用空调引起失水，可以用喷雾式矿泉水来补充，之后再用润肤品来锁住水分。

健康食谱防风沙

"又是一年春来到，满城尽戴黄金甲。"2006 年 4 月 17 日，30 万吨的沙在北京空降，之后是五六级的大风卷着风沙横扫出行的人。据气象台了解，当时有冷空气正在东移，21 日左右将有沙尘或者扬沙天气再度光临北京，为出行的人们带来不便。沙尘暴的侵袭不仅给人们的出行造成不便，对于人们的身体健康也有很大影响。据了解，当时北京的医院中诊治呼吸系统疾病的人大幅度增加，因为大风干燥上火的人也不在少数。沙尘天气出门不仅要注意防风防沙，保护好皮肤，回到家之后，还要多吃去火清肺的食品，排除体内呼吸进去的垃圾，既养身又解馋。

沙尘中上班的人们

北京下土了

清肺食谱

肺是呼吸的通道，大风天里往往肺会觉得很不舒服。清肺食品在这种沙尘天气里的餐桌上占了重要地位。

猪　肝

猪肝的营养含量是猪肉的 10 多倍，能保护眼睛，维持正常视力，防止眼睛干涩、疲劳。很多人认为动物的肝脏营养价值较高，常常将其作为营养食品。其实这是一种误解。血液中大部分毒物甚至与蛋白结合的毒物，都能进入肝脏。动物肝中有毒物质或化学元素的含量，比肌肉要高出很多倍。买回来的猪肝要在自来水龙头下冲洗 10 分钟，然后放在水中浸泡 30 分钟。此外，烹调加工时，为了消灭残存

猪肝清肺

在猪肝里的寄生虫卵或病菌，时间不能太短，至少应该在急火中炒 5 分钟以上，使猪肝完全变成灰褐色，看不到血丝才好。

清肺食疗：西兰花炒猪肝

原料：猪肝 100 克，西兰花 200 克，料酒 5 克，酱油 3 克，葱段 5 克，姜末 2 克，精盐、味精、淀粉适量。

制法：猪肝洗净后切成小片，放入碗内，加精盐、味精、料酒、酱油拌匀，再拌入淀粉拌匀备用。将西兰花洗净切成小条，用滚水氽熟，沥干水备用。油开后爆香葱姜，放入猪肝，炒至将熟时，倒入西兰花，加入盐、味精，对好口味，翻炒匀透，浇上少许熟油装盘。

小提示：猪肝不宜食用过多。一个人每天从食物中摄取的胆固醇不应超过 300 毫克，而每 100 克新鲜猪肝中所含的胆固醇竟高达 400 毫克以上，所以，高血压和冠心病患者应少食。

黑木耳

黑木耳中的胶质，有润肺和清涤胃肠的作用，可将残留在消化道中的

杂质、废物吸附排出体外，对体内垃圾有很好的清除作用。另外，黑木耳具有益智健脑、养胃通便、清肺益气、镇静止痛等功效。黑木耳中含有丰富的纤维素和一种特殊的植物胶质，能促进胃肠蠕动，促使肠道脂肪食物的排泄，减少食物脂肪的吸收，爱美的女士们经常食用还能起到减肥的作用。现在超市中就有干燥的盒装东北黑木耳，泡过之后味道非常清新，不过泡木耳的时候时间尽量长一点，并在水里放一点盐，这样可以使木耳中的脏东西清理得更干净。

黑木耳益气

清肺食疗：黑木耳拌豆芽

原料：黄豆芽 500 克，黑木耳 50 克，盐、香油、味精各适量。

制法：黄豆芽洗净，去皮；黑木耳用水发软，洗净，切成丝。黄豆芽、黑木耳放入锅内，加清水适量煮熟，加香油、盐、味精调味即成。

小提示：木耳对于患有咯血、呕血、便血、鼻出血的病人，有促进出血的副作用。近期有出血倾向的病人，不宜采用木耳进补。

百　合

中医认为百合能养阴清热，润肺止渴，宁心安神。百合有良好的止咳作用，并可以增加肺脏内血液的灌流量，改善肺部功能，具有极高的药用价值，对人体排毒很有利。目前市面上多数卖的都是百合干，回家用水浸泡大约 2 个小时即可恢复原状。在超市买百合，要注意袋内装的新鲜百合一定要颜色洁白，没有黑褐斑点。新鲜的百合干在浸泡过后有很多杂质浮在表面上，很多杂质是新鲜百合与枝干连接的部分，用清水冲洗干净即可。百合有多种做法，入粥、捣碎加蜂蜜服用等都可以起到清肺止咳的作用。

但百合主要用于肺虚久咳，若是外感咳嗽，百合并不适宜。

清肺食疗：百合南瓜盅

原料：莲子、小个头的南瓜、银耳、枸杞、金丝小枣、百合、冰糖。

制法：南瓜切去顶部，将瓜瓤掏空，洗净。莲子去芯，金丝小枣去核，与百合、银耳、枸杞一起洗净后放入南瓜盅，加适量冰糖后盖上盖子，把南瓜盅放入笼屉中，蒸 10 ~ 15 分钟即可。

百合润肺

小提示：百合虽好，也不能乱用，特别是患有风寒痰嗽的人就不宜服食。

感冒食谱

大风迫使气温直线下降，好不容易看到了春的气息，却又转回了冬的寒冷，感冒在这种天气里是最容易引发的疾病。

大　蒜

还记得在韩国电视剧《大长今》中用大蒜治病的情节吗？大蒜性温，味辛，有防治感冒作用，无论风寒感冒或风热感冒者皆宜。很多人有长期服食大蒜精或大蒜胶囊的习惯。大蒜具有一定效果的抗菌及抗虫性，对于人体有害的病毒、细菌、真菌或虫体所产生的病症或感染性疾病，都可以借用食用大蒜来预防或治疗。天气逐渐转暖，在户外吃饭的时候吃上点蒜，还能起到杀菌的作用。

感冒食疗：大蒜鸡翅

原料：鸡翅、大蒜、香菇、百合、红萝卜、盐。

制法：香菇用水泡软去蒂备用，红萝卜去皮切块，百合泡开。鸡翅先以热水烫后捞起，锅中加入香菇水及香菇、大蒜、红萝卜等，炖煮至鸡翅

56

熟烂，最后加入百合，大火煮开即可。

小提示：食用大蒜过多会引起不良反应，每天食用不超过 300 毫克的大蒜粉末为宜。

紫　苏

紫苏有发汗、散寒、退热作用，风寒感冒的人宜食。若气虚的人风寒感冒时，宜用紫苏叶同大米煮成稀粥食用。由于紫苏所含的特有的香气是紫苏乙醛，即紫苏精油，易于挥发，煮紫苏粥时宜在稀粥临熟时加入紫苏叶 10 克，稍沸即可，不宜久煮。用紫苏嫩叶加大葱、辣

紫苏炒田螺

椒、精盐、酱油、醋和香油拌菜，有开胃和预防感冒的功效。

感冒食疗：紫苏炒田螺

原料：田螺、紫苏叶、沙茶酱、蒜茸、豆豉、精盐。

制法：放油烧开，把蒜茸、紫苏叶、沙茶酱、豆豉等倒入锅中，爆香。加入田螺不停地炒，放适量开水，用精盐调味，炒至熟透。勾芡并浇上熟油即可。

小提示：蒸蟹时可放一些紫苏叶。吃蟹后如感到肠胃不适，可用紫苏 15 克、生姜 5 片煎服，趁热饮下。有暖胃功效，并止痛、止泻。

生　姜

生姜有爽快之辣味与香气，不仅是饮食中的调味佳品，而且还能防治多种疾病。比如治风寒感冒用生姜 40 克、红糖 30 克、水煎取汁一大碗，趁热服下，有发汗、驱寒、治感冒的作用。广东人煮菜，几乎每餐都不可缺姜。姜不仅可以提升菜的鲜味，还能祛除菜的腥味，它的祛风、行气、活

血功效可以说是"独步菜林"。

感冒食疗：生姜羊肉汤

原料：当归、生姜、羊肉、料酒、味精、食盐、香葱、孜然。

制法：当归和生姜洗净后加水，以中火烧开捞出；羊肉洗净后入锅急火烧开后，立即捞出，洗清血沫。将羊肉放入当归汤中，加入料酒、盐及葱结，加水大火烧开，再用小火煨20分钟，加入味精、葱花和姜丝即成。

小提示：食用生姜每次只需要10克左右。烂姜、冻姜不要食用，因为姜变质后会产生致癌物。

"去火"食疗要对症

莲子汤去心火

表现症状：分虚、实2种。虚火表现为低热、盗汗、心烦、口干等；实火表现为反复口腔溃疡、口干、小便短赤、心烦易怒等。

食疗：莲子（不去莲芯）加冰糖适量，水煎，吃莲子喝汤。

绿豆粥去胃火

表现症状：分虚、实2种。虚火表现为轻微咳嗽、饮食量少、便秘、腹胀、舌红、少苔；实火表现为上腹不适、口干口苦、大便干硬。

食疗：白米、绿豆各适量，绿豆煮半熟时加入白米和适量冰糖煮至熟。

梨水去肝火

表现症状：头痛、头晕、耳鸣、眼干、口苦口臭、两肋胀痛。

食疗：川贝母10克捣碎成末，梨2个，削皮切块，加冰糖适量，清水适量炖服。

梨　水

猪腰去肾火

表现症状：头晕目眩、耳鸣耳聋、腰脊酸软、潮热盗汗、烦躁。

食疗：猪腰 2 只，枸杞子、山萸肉各 15 克，共放入沙锅内煮至猪腰熟，吃猪腰喝汤。

风沙天气谨防呼吸道和心脑血管疾病

每年三四月份，我国西北、华北都会进入大风沙尘天气的多发季节，春季保健此时显得尤为重要。专家指出，风沙天气谨防呼吸道和心脑血管疾病。

内蒙古医学院第一附属医院保健病房主任牛云枫在接受记者采访时介绍说，临床调查统计表明，一年当中，春季是某些传染性疾病和一些慢性病的高发期之一。白喉、百日咳、猩红热、肺结核、麻疹等呼吸道传染病的发病率较高；心脑血管病，如高血压、中风、冠心病诱发心绞痛以及心梗等疾病也易在这个时段高发。所以，在这个天气多变的季节要采取相应的措施来防范各种身心疾病的发生。

中医认为"风为百病之长"。春季是风沙天气频发的季节，再加上这个时节阴晴不定，气温变化多端，易产生呼吸道系统感染，从而导致感冒。牛云枫说，这个季节要特别重视防风御寒，适时增减衣服。戴口罩也可以起到过滤和加温的作用，能有效缓解沙尘和冷空气对呼吸道的刺激。身体孱弱者可适量服用板蓝根冲剂等中药来预防感冒。

这位专家同时指出，春天应加强饮食调理，可适当增加营养，其中蛋白质和维生素的摄入量应适当增加。寒冷天气容易诱发心脑血管疾病。牛云枫认为，有此类疾病的患者要注意防寒，尽量减少外出活动；定期到医院检查血压和心律，定时吃降血压的药，必要时还应进行强化治疗，严防病情加重或旧病复发。

牛云枫提醒人们，风沙天气还要注意防止沙眼，措施包括外出戴墨镜或风镜，勤点眼药水等。

沙尘暴防灾应急

应急要点：

及时关闭门窗，必要时可用胶条对门窗进行密闭。

外出时要戴口罩，用纱巾蒙住头，以免沙尘侵害眼睛和呼吸道而造成损伤。应特别注意交通安全。

机动车和非机动车应减速慢行，密切注意路况，谨慎驾驶。

妥善安置易受沙尘暴损坏的室外物品。

专家提示：

发生沙尘暴天气时不宜出门，尤其是老人、儿童及患有呼吸道过敏性疾病的病人。

平时要做好防风防沙的准备。

沙尘暴在生态系统中的作用

地球环境视野中的沙尘暴"功绩"

每年的 3 月 23 日是世界气象日，2006 年世界气象日的主题是"预防和减轻自然灾害"。进入 3 月以来，中国北方大部分地区连续遭到多次沙尘暴袭击，中国气象局国家气候中心与国家林业局荒漠化监测中心对我国北方沙尘暴发生趋势的预测显示，2006 年全国沙尘天气过程数将比 2005 年偏多。

中国科学院与日本文部科学省重大科技合作项目"风送沙尘的形成、输送机制及其气候效应研究（2000～2005）"中方首席科学家、中科院大气物理研究所石广玉研究员在接受记者采访时说，沙尘暴基本上是一种和风、雨、雷、电等一样的自然现象，它的发生必须具备以下 2 个基本条件：①物质基础，也就是沙尘源，例如沙漠、沙质戈壁和裸露地表等；②气候和天气条件，例如锋面过程、大风等不稳定的大气状态。我们无法想象，在海面上或者是无风的天气状况下会出现沙尘暴。

产生于中亚、蒙古以及我国西北和内蒙古地区的沙尘暴，不但给源区带来严重的土壤风蚀和环境问题，而且对下游地区（我国华北和东部地区以及韩国、日本等地）的环境和空气质量产生重要影响。一般民众最关心的是，可吸入颗粒物的增加会影响人体健康，大气能见度的降低会影响交通和日常生活等"看得见、摸得着"的问题。但是，从更宽泛的地球环境角度来说，事情就有些不同。

中科院大气物理所的王自发博士的一项研究表明，我国北方地区的二氧化硫排放并不少于南方地区，但较少发生酸雨事件。这是因为，沙尘微粒中含有较多的钙离子、镁离子等碱性离子成分，可以将我国北方以及韩国和日本等地的酸雨（pH 值 4.7）中和成普通雨水（pH 值 5.6），从而减缓土壤的酸化进程。

另外，沙尘微粒所携带的铁等营养物质输送并沉降到海洋之后，有利于海洋生物的生长发育。石广玉研究员等曾多次风趣地对日本从事黄沙研究的科学家说，"不要一味抱怨中国的黄沙给你们带去了多少多少'危害'，你们应当感谢我们才是。我们忍受了巨大的'民族牺牲'，将最富营养物的内蒙古浑善达克等地表层土壤的沙尘输送给了日本海和太平洋。如果没有这种输送，海洋浮游生物和鱼类生长将会受到严重影响，你们也不要再奢望吃什么'美味刺身'了。"

当然，更重要的是，包括中科院地球环境研究所的安芷生院士 2005 年发表在《美国自然科学》上的论文已经表明，沙尘不但可以对海洋浮游生物的初级生产力产生影响，而且可能对海洋碳循环乃至全球气候系统具有重大影响。

石广玉研究员表示，虽然近几十年各国科学家对沙尘暴进行了大量的研究，并尝试采用各种方法来降低沙尘暴的危害，但目前沙尘暴的治理效果还不尽如人意。沙尘暴作为一种自然现象和一个重要的环境问题，还有很多科学难题有待解决。因此，进一步加强沙尘暴发生、发展和演变规律的研究，将有助于对沙尘暴作出准确的预测和判断，并为防灾减灾提供有力的科学支撑。

每年春季，北京都将经历程度不等的沙尘天气，石广玉研究员等希望公众能以平常心对待，不要因此而惊慌失措；同时要做好预防和自我保护，以最低程度降低沙尘天气所带来的危害。

地球上不能没有沙尘暴

沙尘暴可谓臭名昭著，特别是在 20 世纪最后几年，声讨它的声音越来越强。黄色的天空，夹带着泥土的春雨成为北方一景，它甚至成了南方学子不愿到北京上学读书的理由，而建议"迁都"的声音也时有耳闻。沙尘暴真的那么讨厌吗？其实，在自然界，沙尘暴非但不是令人不快的"不速之客"，它还是带来丰富养料的"老朋友"和改善环境质量的"好帮手"。

没有沙尘暴就没有夏威夷

夏威夷群岛是浩瀚的北太平洋上最璀璨的明珠，那里美丽的风景征服了来自世界各地的人。带着艳丽花朵编制的花环，走在银白的沙滩上，碧海、蓝天、绿树，当人们陶醉在天堂般的风景中时，不会有人想到，眼前的美景全赖沙尘暴所赐——没有沙尘暴，夏威夷只是一些兀立在海里的巨型岩石，没有土壤、没有花草，充其量只会成为海鸟的栖息地。

第一次上夏威夷群岛考察的地理学家感到奇怪，为什么这里会如此生机盎然？夏威夷远离大陆，是海底火山喷发后熔岩凝结而成。这样的火山岩没有植物根系的作用根本无法形成土壤——没有土，哪里来的植物？而没有植物，夏威夷群岛又哪里来的土壤？这个问题几乎成了"先有鸡还是先有蛋"的死循环——最初一粒蕴涵着无限生机和希望的肥沃土壤来自哪里？

一艘白色的小船逡巡在夏威夷附近的海面上，船上不是穿着沙滩装、晒太阳的游客，而是几个拿着古怪仪器的人。他们每天定时用一个圆柱型的装置对着海风，收集空气中那些肉眼根本无法辨别的细小尘埃。类似的工作还在空中进行着，一架小型的科研用飞机飞上不同高度，用同样的装置收集北太平洋上空不同高度大气中的微粒。

这些尘埃被带到美国本土的实验室进行化验，与它们同时化验的还有另外一些土，这些土来自中国西北地区干旱苍凉的荒原。

化验结果让科学家露出了欣慰的笑容，和他们猜测的一样，两者的成分非常相似——造就夏威夷最初的养料来自遥远的欧亚大陆内部。两地相隔万里，普通的风无法把内陆的尘埃吹到这么遥远的地方，是沙尘暴，把细小却包含养分的尘土携上3000米高空，穿越大洋，播种一般把它们撒下来。

随着卫星遥感技术的发展，科学家已经可以直观地观察亚洲沙尘暴的运动过程了。美国国家航空航天局的卫星清楚地拍摄到了我国甘肃、新疆等地发生沙尘暴后沙尘传播到美国西海岸的全过程。

欢迎沙尘暴"均营养运动"

历史上，总有人不断提出各种"均贫富"的方法，想达到消除财富差距的目的。与此相比，沙尘暴可以算是一种自然界的"均营养"运动。沙尘暴把地表的土卷入高空，矿物质、有机物等各种微粒在大气层中飘向远方。

现在浮尘甚至有了很多推崇者，因为浮尘当中的矿物质在恢复土地肥力方面的效果甚至要优于氮、磷、钾肥。在欧洲，这些推崇者发起了一项名为"恢复土地矿物质"的运动。他们把岩石和土壤粉碎混合，生产出与沙尘暴"创造"的沙尘成分相似的粉末，想以此代替传统的肥料来恢复农业的活力，现在他们的实验正在进行之中。

除了夏威夷群岛，科学家还发现，地球上最大的"绿肺"——亚马孙盆地的雨林也得益于沙尘暴，它的一个重要的养分来源也是空中的沙尘。沙尘暴能把磐石变得葱葱郁郁的秘密在于，沙尘气溶胶含有铁离子等有助于植物生长的成分。科学家把悬浮在空气中，直径在 10～100 微米的固体、液体微粒叫作"气溶胶"。气溶胶的自然来源主要是海洋、土壤以及火山等。现在研究气溶胶的成分，移动路线和它对全球环境、气候的影响是世界最前沿的科研课题之一。

"气溶胶对整个世界的影响太大了，"北京师范大学化学系的实验室里，环境化学专家庄国顺教授说，"如果把中国和蒙古的荒漠、戈壁都罩上一个罩子，不让地表的土被风吹起，那么，整个美国西海岸的海洋生物将纷纷饿死：没有气溶胶携带来的养分就没有丰富的海洋微生物（海洋的初级生产力），而失去这海洋生物链最底层一环，整个海洋生态系统将难以为继。"

然而沙尘暴起源地如果出现污染，有毒的尘埃也会随之扩散，相隔万里的区域也会被有毒物质污染。所以，现在许多发达国家非常关注其他国家和地区的环境问题，一个地方环境的破坏会很快在这个小小的地球上传播开来。

中国是亚洲沙尘暴最主要的起源地，据估计，每年从中国沙漠输入太平洋的矿物尘土 6000 万 ~ 8000 万吨。源于东亚的沙尘气溶胶粒子含有丰富的铁、铝等矿物元素，能够增加海洋营养盐的输入，刺激海洋生物的活动，影响藻类光合作用，促进海洋生物的生长繁殖。

不过，降到海里的浮尘也是一柄"双刃剑"。美国地质测绘局的专家们发现，非洲沙尘暴造成的铁沉积和藻类过量繁殖之间有着明显的联系。这些藻类很多都是有毒的，它们是佛罗里达沿海有毒赤潮的元凶。但科学家也不敢肯定，有害藻类的过度繁殖是否真的一无是处，也许，它们对海洋生态系统也有尚不为人知的利益。

日本、韩国：酸雨不再那么酸

在日本，曾有人说源自中国的沙尘暴影响了日本的环境，降低了日本国内的空气质量。但是前一段时间，日本的《朝日新闻》却以《黄沙，中国来的恩惠》为题大幅报道了一项研究成果，其后《环境新闻》、日文版《国家地理杂志》、日本共产党机关报《赤旗》和韩国《文化放送》电视台也制作了专题——科学家发现，沙尘暴所携带的碱性沙尘可以中和大气中的工业污染排出的酸性物质，大大降低酸雨的酸性。沙尘暴不仅使我国北方得以免受酸雨之苦，而且对韩日两国的酸雨也起到了显著的抑制作用。

酸雨是伴随工业发展产生的一个环境问题。在自然界，普通的雨水与河湖中的水酸性是相同的。由于水可以溶解少量空气中的二氧化碳，所以自然状态下的水是略带微弱酸性的，pH 值为 5.6。如果降水比自然界存在的水更酸，即 pH 值

被酸雨破坏的森林

小于5.6则被称为酸雨（包括酸雪）。

二氧化硫和氮氧化物是形成酸雨的主要因素，工业生产的许多环节都会产生这些东西。煤炭是工业生产的最主要能源，煤中通常含有硫，烧煤不但产生"大名鼎鼎"的温室气体二氧化碳，还会产生很多硫的氧化物。当大气中的二氧化硫、氮氧化物等酸性污染物浓度增高时，这些物质可溶于雨雪中，生成亚硫酸、硫酸和亚硝酸、硝酸，使降水pH值降低，形成酸雨。酸雨对土壤、水体、森林、建筑物和人体健康都会产生不良影响。

在我国，二氧化硫是导致酸雨的主要物质，南方和北方二氧化硫排放程度大致相当，但是酸雨主要出现于长江以南，北方只有零星分布。学术界对这一现象早有解释：北方多风沙，来自沙漠的沙粒偏碱性；北方的土壤也偏碱性，飘尘也偏碱性，含钙的硅酸盐和碳酸盐都会中和大气中的一些酸性物质。但是由于受制于当时的单一模式和计算能力，一直没能开展相关的定量研究。

随着人们对沙尘暴关注的升温，科学界对它也投入了更多的精力。现在，科学家已经测算出沙尘暴对酸雨的影响。

中国科学院大气物理研究所的王自发研究院说："沙尘暴的确降低了酸雨的酸性。沙尘及其土壤粒子的中和作用使中国北方降水的pH值增加0.8~2.5，韩国增加0.5~0.8，日本增加0.2~0.5。如果没有沙尘的作用，那么，很多北方地区的酸雨危害要严重得多。"

沙尘暴作为一种自然现象，始于人类出现之前，也将继续存在下去。对于它的存在，我们很难用"好"与"不好"的标准来评判，自然界自有它的一套法则。从黄色的天空、春天的"泥雨"到太平洋上收集气溶胶的飞机，我们对沙尘暴的认识和研究都还只是一个开始。在自然界的奇伟面前，我们总是像个好奇的孩子。

沙尘暴相关知识

为什么沙漠都在大陆的中西部

　　地球上的沙漠几乎都分布在大陆中部和大陆西部。如北非的撒哈拉大沙漠、南非的卡拉哈里沙漠、纳米布沙漠、南美洲的阿塔卡玛沙漠、塞楚拉沙漠、北美洲的莫哈维沙漠、澳大利亚中西部的澳大利亚沙漠、亚洲的阿拉伯沙漠、中国的塔克拉玛干沙漠、中亚的克勒孜库姆沙漠、印度和巴基斯坦的塔尔沙漠等。

　　之所以这样，是因为跟海陆分布和地球自西向东转动有关。在赤道带，全年气温高，海洋面积广，水汽来源充足，蒸发旺盛，上下热量对流强烈，所以降水也就充沛，通常年降水可达 2000 毫米左右。南北 20°～35°纬线间，是副热带高压区。在这一地区，来自赤道的高空气流因纬圈缩小而促使空气下沉堆积、压缩导致增温。同时，本区大气下层由副热带高压向赤道低压常年吹刮信风。这种信风，在北半球是由东北吹向西南；在南半球是由东南吹向西北。这样，大陆东岸的水汽要吹到大陆中部或西部是十分困难的，所以在大陆中部和西部就造成了干而热的下沉气流。那里许多地方年降水仅为几十毫米，有些地方竟然多年不雨。相反，因为干热而使得蒸发十分旺盛。

　　北非的撒哈拉大沙漠，尽管西临大西洋，但在东北信风的控制下，吹来的是经过 14000 千米亚非大陆干燥的热风，大西洋的水汽不但到不了撒哈拉沙漠，撒哈拉的沙粒反而铺天盖地地刮进大西洋。

此外，南半球中纬度强大的西风漂流在流经非洲南部、澳大利亚南部和南美洲南部时，都被大陆阻挡而逆时针左转，分别形成非洲西岸的本格拉寒流和澳大利亚西岸的西澳寒流及南美洲西岸的秘鲁寒流。寒流所经海面，使低层大气变冷而趋于稳定，不容易产生降水，这也是非洲、澳大利亚、南美洲西岸多沙漠的原因之一。

中亚的哈萨克斯坦、土库曼斯坦、乌兹别克斯坦等地区，我国新疆地区位于大陆中心，山脉阻挡了湿润的气流，使得这里降水稀少，形成了大片沙漠。也可以说这里沙漠的成因与副热带沙漠是不一样的。

气象卫星与沙尘暴

沙尘暴的形成必须有沙、尘和大风或上升气流等天气条件。预报沙尘暴是气象预报的一个新领域，现在主要是根据预报大风来推测沙尘暴的发生。气象卫星是监测沙尘暴的一种很有效的工具。我们知道，由于沙尘暴的时空分布和强度变化很不均，而沙尘暴的源头区如我国的西北气象台站稀少，设备比较落后，雷达，探空、自动气象站更少，气象观测资料严重不足，但气象卫星遥感在监测沙尘暴方面却可以大显神通。

气象卫星观测范围广、次数稳定，从气象卫星资料中能提取沙尘天气的各种数据，有助于对沙尘暴天气发生、发展和移动过程的理解。

极轨气象卫星离地面近900千米，分辨率比较高，在同一地方每天发图2张。它探测地面对太阳光的反射特性，以推算出反射率，接收来自地面的热辐射。由于沙尘暴的顶端与某些低云的高度温度很接近，在判别时容易混淆，就要从反射率的不同上来判识。沙尘暴与裸露的地表在反射率上很接近，在判别时容易混淆，就从两者在亮度温度上的明显差别来判识。

静止气象卫星由于距离地球近3.6万千米，分辨率比极轨卫星低，但是它的观测次数多，每小时1次；成像范围大，能监测地球1/3的面积，成为监测沙尘暴的最有力的工具。现在卫星气象中心已实现自动检测，每小时发图1张，可以清楚地观测沙尘暴的动向。静止气象卫星利用红外分裂窗通道，找出沙尘与云、雾、雨、雪、霜、雨凇、雾凇等组成的水成云以及一些气溶胶的吸收和发射存在的差异，在一定程度上推断出大气的组成成分。静止气象卫星观测到的红外辐射由2部分组成：一部分由地表发射，经大气消光后到达卫星的红外辐射；另一部分是大气本身发射的红外辐射。当气溶胶光学厚度不很大时，它的发射作用相对较弱，卫星感应到的主要是地表发射的辐射。由于气溶胶在2个分裂窗

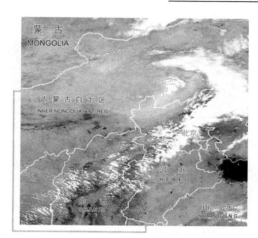

沙尘天气的卫星遥感云图
（浅灰部分代表沙尘）

通道上的透过率存在差异，卫星探测到的亮度温度就产生了差异。通过亮度温度差异就可以反推出气溶胶的存在。分裂窗亮度温度差对沙尘性气溶胶很敏感，这就是分裂窗监测沙尘暴的基本原理。

中国沙漠气候的主要特色

中国沙漠地区深居内陆，远离海洋，且周围有关山阻隔，因而具有典型的大陆性气候的特点。

中国沙漠的气候特点是：夏季高温、酷热、干燥，冬季干冷，春季风沙多、温差大。群众中流传说"外出需带三件宝：水壶、风镜、大皮袄"，就是对这种气候特点简洁而生动的总结。

干燥少雨，降水不稳定

干燥少雨是沙漠气候最主要的特征。前面已经说过，中国是季风气候，降水主要受夏季风的影响，水汽来源于太平洋和印度洋。所以，中国沙漠地区降水量的空间分布基本趋势是从东向西递减，且愈向内陆，减少越加迅速。东部沙区盛夏可受到夏季风（东南季风）的一些影响，雨水稍多，

年降水量有 200～400 毫米；西部地区大部分在 200 毫米以下。降水最少的是南疆塔克拉玛干沙漠、东疆吐鲁番盆地、青海柴达木盆地西北部和内蒙古西部的巴丹吉林沙漠，年降水量都在 50 毫米以下，甚至不足 25 毫米，是中国降水最稀少的地方。例如，南疆塔克拉玛干沙漠东部的若羌，从 1954～1970 年的 17 年，平均降水量每年只有 15.6 毫米，其中 1957 年才 3.9 毫米。东疆吐鲁番盆地的托克逊，1961～1970 年 10 年平均降水量，每年只有 3.9 毫米，为全国现有降水的最小记录；1968 年这里只下过 2 次雨：6 月 21 日一次为 0.4 毫米，8 月 20 日一次为 0.1 毫米，全年总计才 0.5 毫米。中国沙漠地区有很多地方一年的降水量还没有沿海地区一个小时的降水量多。

中国沙漠地区的降水不仅少，而且很不稳定，也就是说年变率大。降水的多年平均变率，在中国的南方地区，大部分在 15% 以下；而在沙漠地区，东部沙区为 25%～40%，西部多在 40% 以上，甚至超过 50%。极端年变率差别更大。例如，塔克拉玛干沙漠南部的民丰安迪尔，1966 年降水量只有 5.0 毫米，而 1971 年却达 42.5 毫米，相差近 10 倍。降水的季节分配也极不均匀，主要集中在夏季 6～8 月；而夏季又往往是集中在少数几天内，有时一两天里的降水竟相当于半年的水量。降水高度集中，就使得连续无降水的干旱期很长。全年最长连续无降水日数，有时可达 7～10 个月之久，主要出现在秋末至第二年夏初这一段时间；尤其是春旱特别严重，故俗语有"春雨贵如油"之说。

沙漠地区的降水性质，一般以对流性阵雨为主。谈到"阵雨"，会给人们一种大雨倾盆浇注的印象。然而，沙漠里的这种"阵雨"，是不能同中国江南的暴雨相比拟的。它下雨的时间很短，往往只有几分钟；但雨下得急，雨点粗大如黄豆粒，而雨量却极小。

沙漠地区降水十分稀少，而蒸发却极为强烈。以多年平均蒸发量而论，一般在 2500～3000 毫米，有的地区高达 4000 毫米，超过降水量的十几倍，甚至上百倍。从蒸发量与降水量的比值所反映的干燥度来说，中国东部沙区一般在 1.5～4.0；而西部都大于 4.0，其中东疆和南疆塔克拉玛干沙漠地区在 16.0 以上，甚至可高达 60，成为全国最干旱的中心。

日照强烈，冷热剧变

中国沙漠地区，干燥少雨，云量少，晴天自然多，日照充足，热量丰富。全年日照时数在 2500～3600 小时，也就是说，一年中有 30%～40% 的时间受着太阳光的照耀，这在全国是首屈一指的，相当于四川、云南的 2 倍。夏季每天日照在 14 小时以上，冬季也有 9 小时之多。无霜期一般在 150～260 天。大于和等于 10℃ 的积温，除呼伦贝尔等一小部分沙地外，一般都在 3000℃～5000℃。太阳年总辐射量大部分在 140～170 千卡/厘米^3，青海柴达木盆地可达 200 千卡/厘米^3 左右，是全国总辐射量的最高中心。

冷热剧变，气温变化大。首先表现在冬季严寒，夏季酷热，气温的年较差较大。平均年温差一般在 30℃～40℃；准噶尔盆地古尔班通古特沙漠西缘的车排子，1956 年曾达到 55℃。绝对年温差常可达 50℃～60℃ 以上；塔克拉玛干沙漠南部的安迪尔，1967 年曾达到过 67.2℃，为全国之冠。冬季，在蒙古—西伯利亚冷高压控制之下，天气多晴寒而干燥，地面辐射冷却因之加强，致使 1 月的平均气温大多在 -10℃ 以下，极端最低气温可低于 -30℃，成为全国最冷的地区之一。而在夏季则由于大陆的强烈增温，深居内陆的沙漠地区又成为炎热的中心。7 月平均最高气温在 34℃ 以上，极端最高气温超过 40℃。如塔克拉玛干沙漠东部的若羌，最高气温为 43.6℃，南缘的和田有过 46.5℃ 的最高记录。而有"火洲"之称的吐鲁番，曾三次出现 47.5℃ 的最高记录；其炎暑的程度远远超过长江流域著名的"三大火炉"——南京、武汉和重庆。酷热日南京等市高于 37℃，吐鲁番高于 40℃；炎热日均高于 35℃。

沙漠里夏季白天虽然气温很高，但是相对湿度低，大都低于 30%，有的地方甚至多次出现"0"的记录。高温低湿，热而不闷。此外，日温差大，一般在 10℃～20℃，最大可达 40℃ 以上。白天因空气干燥，万里无云，骄阳似火，直射地面。由于沙漠地表干燥、裸露，颜色浅淡，具有较大的反射能力，反射率估计可达 30%，减少了太阳辐射能的吸收量；加之沙子的导热性小，储藏热量的能力很低，所吸收的辐射能集中于沙地表面，促使剧烈增温。因此，沙漠里日出后气温就飞速直升，到了中午，气温常可高到 40℃ 左右；沙面温度更是高热得惊人，多在 70℃ 以上。1974 年 7 月 14 日下午 4 时 30 分，在吐鲁番五星乡附近的流沙地上，测得沙面最高温度竟达 82.3℃。可是，只要太阳西下，沙面散热就很快，温度迅速下降。1959 年 5 月，沿和田河穿越塔克拉玛干沙漠进行科学考察时，白天测得最高气温 40.2℃，而夜里却低到 −4.0℃。一昼夜温度变化竟约达 40℃，真有"一日四季"之变。怪不得群众中流传着这样一句民谚："早着皮袄午穿纱，围着火炉吃西瓜。"

风大沙多

中国沙漠地区不仅风力较大，而且频繁。当风速为 5～6 米/秒（相当于 3～4 级风）的时候，沙漠里的沙子就可以被风吹起来，等于和大于这样的风叫作起沙风。根据一天 4 次观测统计，大部分沙漠地区的起沙风每年可达 300 次以上，差不多每天都可以遇到。

沙漠地区各地的风向、风力是与气压分布形势以及大气环流的特征紧密联系着的。正如前面所说的，冬季，中国沙漠的大部分地区是处在蒙古—西伯利亚大陆高压控制下，仅柴达木盆地和塔里木盆地西部是受西风气流的影响。冬季（1 月）1500 米高度的气流图上，在青藏高原正北、东经 96° 附近有一条明显的北北东—南南西向的气流辐散线；在南疆中部东经 83° 附近有一个气流辐合区。因此，冬季在辐散线西部的气流，经河西走廊西部、祁连山和天山东段之间的孔道，进入东疆和南疆，形成塔里木盆地东部（尼雅河以东）和河西走廊西部的东北风。

辐散线以东为西北风，吹向阿拉善及鄂尔多斯地区。而准噶尔盆地则直接处在蒙古高压向西北伸出的高压脊的西南翼，多为偏东风或东北风。夏季，副热带高压北移，西风盛行带亦随之北进。不过，在近地面部分，西风环流受西天山和帕米尔高原的阻挡而发生偏折，一支通过帕米尔高原山口进入塔里木盆地西部；另一支由准噶尔西部山地各山口进入准噶尔盆地，直趋东南至河西走廊，形成西北风和西风。

至于鄂尔多斯及其以东的地区，则处在来自东南的夏季风的影响下。夏季（7 月）1500 米高度的气流图上，在河套以西有一条东北—西南向的气流辐合线，到 8 月可向西移到河西走廊；而在塔里木盆地的克里雅河附近同样有一条气流辐合线。因此，夏季在克里雅河以东的塔里木盆地东部多盛行东北风；河套以东的地区主要为东南风。塔里木盆地西部、准噶尔盆地、柴达木盆地以及阿拉善高原则处在西北风的作用下。春、秋季是过渡季节，一般说来，春季风向与夏季相似，秋季风向与冬季接近，只是其分布界线略有变动而已。

受上述气压分布形势和大气环流大势的影响，中国沙漠地区在风速的地域分布上具有北大南小的特点，强风区出现于中哈、中乌、中土和中蒙国界附近，尤其是一些山隘、峡谷风口地带，风力特大，形成特大风区。如被人们称为"风库"的安西，群众说这里是"一年一场风"；全年平均有80 天（最多年份达 105 天）出现超过 8 级（风速大于等于 17.2 米/秒）的大风。北疆准噶尔盆地西部的准噶尔门的大风更是著名，全年有 165 天出现大风，最大风速超过 40 米/秒，能把艾比湖岸上直径 2～3 厘米的砾石吹起堆成高 30 厘米的砾坡。更惊人的是，在古尔图桥以南 9 千米处的东岸，风暴卷起河岸上直径 1～2 厘米的砾石，堆成高 5～7 米、宽为 70 米的砾丘，沿河分布达 1 千米以上。东疆也是著名大风区，克尔碱全年大于等于 8 级的大风天数有 183 天，大于、等于 10 级的大风天数有 100 天，大于、等于 12级的有 20 天，瞬时极大风速为 45.5 米/秒。像这样的大风，在中国东南沿海地区也是罕见的。大风时，狂风怒吼，飞沙走石，毁屋倒墙，拔苗倒树，往往造成人畜伤亡，甚至可吹翻火车，中断交通。正如清代和瑛的《三州辑略·风戈壁吟》中所描述的："石飞轻于絮，辎重飘若蓬。"弱风区则位于较闭塞的盆地（或低地）和不同风系的交汇处。如宁夏平原、河西走廊的东段和塔里木盆地中部等地。至于风速的年变化，中国沙漠地区一般以春季和初夏风速最大，这与该季冷锋和高空槽过境较多，以及环流加强有关。另外，春季是冷暖气团的交替季节，这时冷暖平流作用较盛，各地区之间很容易产生较大的气压梯度，因而风速增大。

沙漠地区风力较大，在风季风速大到 5～6 级以上是常见的；加上地表大部为疏松的沙物质，易受风力吹扬造成风沙弥漫。风沙日一般在 20～100天，特别是在植被稀疏的流沙地区更是频繁。塔克拉玛干沙漠南部，风沙日常占全年的 1/3。有时最多可达 145 天；在腾格里沙漠边缘的民勤，1959 年风沙日达 148 天，占全年日数的 41%，其中 3～6 月风沙日高达全月的 1/2 以上，持续时间最长可达 17～48 小时，一般在 10 小时以上。风大时往往形成沙暴，滚滚灰黄色的沙尘被卷上高空，形成一幅巨幔，遮蔽了整个地平面和半个天空，日黯无光，以致"对面闻声不见人，白天屋里要点灯"。

中国沙漠地区的气候，干旱少雨，降水极不稳定，尤其是春季十分干旱、寒冷和大风，这对植物生长、农业生产和造林等都带来不利的影响。但是，任何事物从来都是一分为二的，有不利之处，也会有有利的一面。由于降水稀少，土壤在发育过程中很少受到淋溶的损失，因而矿物质比较丰富；再加上沙漠地区日照长，阳光充足，如能得到适当的水源，并加以人工灌溉，沙漠地区反而能够得到比一般土地更高的产量。青海的柴达木和新疆的塔里木、吐鲁番就是中国小麦和棉花的高产区。夏季日照长，白天高温且昼夜温差大，有利于作物营光合作用和高糖分的积累，为瓜果的生长发育提供了十分优越的条件。驰名中外的吐鲁番葡萄、哈密瓜和白兰瓜等，都产于沙漠地区。

沙漠地区充裕的日照、强烈的太阳辐射，也为太阳能的利用提供了优越条件。太阳能是一种取之不尽、用之不竭，又没有污染的自然能资源。可利用太阳灶将阳光聚焦作为高温热源，用来烧开水、煮饭。一种抛物面聚光式太阳灶，锅底温度可达 400°C～800°C，一般 30 分钟左右就可烧开 2.5～4 千克水。一个直径 2.5 米的聚光灶，成本 35～40 元，使用寿命在 10 年以上。这对于缺乏烧柴的沙漠地区来说，可以大大节省燃料，是很有实用价值的。此外，还可以利用太阳能发电；用太阳光热水器把水加热，供太阳能淋浴室使用；利用太阳能蒸馏器，蒸馏淡化沙漠里的咸水；又可利用太阳能制成冷气，调节室内空气，使室内凉爽宜人，等等。

沙漠地区风大，固然有大的破坏力，对国民经济建设和人民生活带来不少危害。但是，值得注意的是大风所携带的能量也多，只要风速提高 1 倍，风的能量就提高 8 倍。所以大风也是一种能源。特别是由于沙漠地区风力集中在风季，为风能利用提供了有利条件，能够比其他年平均风速一样的地区得到更多的能量。即使在年平均风速不大的地区，也能提供相当大的风能。

中国是世界上利用风能最早的国家。在1700多年前，辽阳三道壕东汉晚期的汉墓壁画上，就已经出现了风车；明代开始应用风力水车灌溉农田，并出现了用于农副产品加工的风力机械。通过风车的工作，把风能利用起来，化风力为动力，用于提水，供给沙漠造林、种草及农田的灌溉和牲畜饮水；还可建立风力发电站，直接供给当地居民的生活用电及带动小型电动机械，进行农副产品的加工等。风力发电机最大优点是一次投资建成后，除了一些经常维修费用外，发动机本身不消耗任何固体的或液体燃料。

风能与太阳能一样，不用到地下去开采燃料，到处都有，取之不尽，用之不竭。因此，人们称它们为"蓝煤"。风能的利用，可以把沙漠地区的祸患变为造福的源泉。

中国北方的沙尘暴现状及对策

2000年，中国北方地区连续出现10余次沙尘暴、扬沙和浮尘天气，给交通运输、人民生活环境带来了不利的影响。同年12月31日和2001年1月1日，甘肃省河西走廊又出现强沙尘暴，兰州市出现浮尘。2002年3月底以前，甘肃河西走廊和内蒙古西部已出现沙尘天气9次之多。3月中旬，南京市也出现沙尘天气，引起人们的恐慌。为此，国家环境保护总局委托中国科学院寒区旱区环境与工程研究所、植物研究所派出专家，并与中央电视台记者合作，分兵两路，分别对甘肃河西走廊、阿拉善高原强沙尘暴区和内蒙古中部北京沙尘天气的尘源区作"探索沙尘暴"科学考察。本次考察的目的是探索近期中国沙尘暴频频发生的原因，追寻沙尘暴的源区，提出减轻沙尘暴危害的对策。

中国沙尘暴出现的特征

根据沙尘暴发生频率、强度、沙尘物质组成与分布、生态现状、土壤水分含量、水土利用方式和强度，结合区域环境背景将中国北方划分出4个主要沙尘暴中心和源区：①甘肃河西走廊及内蒙古阿拉善盟；②南疆塔克拉玛干沙漠周边地区；③内蒙古阴山北坡及浑善达克沙地毗邻地区；④蒙陕宁长城沿线。上述沙尘暴多发地区的沙尘也常随西风和西北气流输送到华北及长江中下游，形成沙尘天气。

沙尘暴的发生一般需要强劲的风力、丰富的沙尘源和不稳定的空气层结3个条件。裸露地表富有松散、干燥的沙尘是沙尘暴形成的物质基础；足够强劲持久的风力和不稳定的空气层结是沙尘暴形成的必要气象动力和热力条件。

沙尘暴多发生在春季的3~5月，以午后为多，其伸展高度一般为1000~2500米，严重时可达2500~3200米。

上述源区是生态保护、防沙治沙、沙尘暴监测和预测的重点地区。春季和午后应是监测和预测的重点季节和时段。

沙尘暴发展的趋势

总体来说，中国沙尘暴从20世纪50年代以来呈波动减少之势，其中60年代和70年代略有上升，80~90年代在减少中有回升；2000年更是急剧增加，强或特强沙尘暴达到9次之多，为近50年之最；2001年已出现2次强沙尘暴过程。2003年1次，2005年2次，2006年3次，2007年1次，2008年3次。这些现象可能预示着新一轮沙尘暴活跃期已经开始，这种趋势值得我们严加注意。

上述变化趋势可以从生态环境和气象条件的变化找到初步的解释。

沙尘暴频频发生是生态环境恶化的标志之一。中国沙漠、戈壁和沙漠化土地面积已达165.3万平方千米，并正以2460平方千米/年的速度发展。土地沙漠化东西部有很大的差别。以贺兰山为界，以西受西北干旱气候控制，缺少降雨，土地利用为绿洲灌溉农业区。沙漠化的因素和表现形式主要是水资源调配不当，下游农耕地因缺水撂荒或沙漠与绿洲过渡带的盲目开垦、樵采及过牧引起，或草场因地表水枯竭、地下水位下降导致天然植被死亡，风蚀量增大。东部受东亚季风的影响，夏秋有一定量的降水，沙漠化主要发生在农牧交错带、冬春干旱季节，由滥垦、草场严重超载或过牧退化、樵采引起，以农耕地土壤沙化、砾质化、灌丛沙漠化和沙地活化为主要形式。

从气象条件看，20世纪70年代末期后，冬季东亚大气环流出现突变，高空东亚大槽偏东偏弱，致使沙尘暴源区冬春风速减小，再加上80年代中期后厄尔尼诺事件盛行，所以80~90年代沙尘暴次数偏少；以后因东亚大槽逐渐回复到它的正常偏强状态，使风速加强，同时1999~2000年已转为拉尼娜年，因此2000年沙尘暴急剧增加，不过由于各地区的治理，近些年沙尘暴的发生次数回升有所减少，另外内蒙古、南疆及河西走廊等地沙尘暴年代频数的增减和雨量减增也有较大联系。

综合考虑到中国北方近期生态环境恶化的势头还未得到遏制，全球增温会使地表解冻期提前，内蒙古中部及西北区东部的干旱还无明显减缓迹象，但河西西部及南疆前十年偏湿的势头倒有减弱之势；再考虑到目前已经出现新一轮沙尘暴活跃的迹象，所以未来沙尘暴可能将处于活跃期。

北京的沙尘天气状况

近些年北京出现的沙尘天气多为扬沙和浮尘，少见的沙尘暴强度也较弱，例如，2000年4月6日出现的当年最强沙尘天气，最大风速为14米/秒，最低能见度为500米，属一般性弱沙尘暴。

据统计，1971~1998年，出现扬沙次数355次、浮尘111次、沙尘暴25次，分别占74%、21%、5%。解放后，从50年代到90年代中前期北京的沙尘天气在波动中逐年减少，大风较多的70年代也是如此，出现了"有风无沙"现象。但从1998年起，沙尘天气明显回升，2000年出现12次，2001年出现18次，2002年出现13次，2006年出现18次。接近20世纪60年代（1995年12次、1966年20次）水平。

应用各县沙尘天气统计资料，把北京的沙尘天气划分为扬沙、浮尘、扬沙—浮尘、大风—浮尘、沙尘暴5种类型。类型分异与台站所处地理位置息息相关。综合各台站风沙天气类型，地球化学、重矿物等分析追踪结果和典型沙尘天气过程气象云图显示，得出沙尘物质来源的结论：扬沙为就地起沙，永定、潮白、御栖河古沙土沉积和城市建设弃土为主要沙尘来源；沙尘暴及浮尘物质主要来自上风向沙尘暴多发区，内蒙古高原阴山北坡及浑善达克沙地南缘农牧交错带旱作农耕地和退化草原是沙尘物质的最主要提供者。

受地理位置和地形制约，上风向沙尘进入北京有 3 个主要通道，俗称"风口"。它们是关沟、潮白河和永定河河谷（或谷地）。

历史上北京也曾出现过强沙尘暴肆虐的天气，最早的沙尘暴记录出现在公元 440 年（北魏太平真君元年），15 世纪中叶到 17 世纪中后期（明代中后期到清代前期）是北京平原沙尘暴最多发、强度最大的时期，并且，沙尘暴和持续的旱灾加速了明王朝的灭亡。

从北京沙尘暴发展历史可以总结出 2 条结论：

（1）北京沙尘暴出现在周围大规模开垦土地后若干年（约 40 年）后；

（2）沙尘暴在干冷的气候条件下最为猖獗。

黑风暴

黑风暴是强沙尘暴的特例。黑风暴发生时其前缘有一道黑风墙，风沙墙顶部有菜花状向上拱起，离地面高度 700～1000 米，内部有无数大小不一的沙尘团交汇奔腾，很像原子弹爆炸时的蘑菇状烟云。黑风墙下层呈黑色，中上层为褐色和红黄色相间，1 千米外就能听到轰鸣声。

乌克兰大平原和美国密西西比河流域的地势平坦，坡地较少，土壤主要受到风的侵蚀，在 20 世纪二三十年代，由于过度毁草开荒、破坏地表植被，水土流失严重，这两个地区相继发生破坏性极强的黑风暴。1928 年，黑风暴几乎席卷了乌克兰整个地区，一些地方的土层被毁坏了 5～12 厘米，最严重的达 20 多厘米。在美国，1934 年的一场黑风暴就卷走 3 亿立方米黑土，当年小麦减产 51 亿千克，举国震惊。

1934 年 5 月 11 日凌晨，美国西部草原地区发生了一场人类历史上空前未有的黑色风暴。风暴整整刮了 3 天 3 夜，形成一个东西长 2400 千米、南北宽 1440 千米、高 3400 米的迅速移动的巨大黑色风暴带。风暴所经之处，溪水断流，水井干涸，田地龟裂，庄稼枯萎，牲畜渴死，千百万人流离失所。

这是大自然对人类文明的一次历史性惩罚。由于开发者对土地资源的不断开垦、森林的不断砍伐，致使土壤风蚀严重，连续不断的干旱，更加大了土地沙化现象。在高空气流的作用下，尘粒沙土被卷起，股股尘埃升入高空，形成了巨大的灰黑色风暴带。《纽约时报》在当天头版头条位置刊登了专题报道。

1934 年发生在美国的黑风暴

黑风暴的袭击给美国的农牧业生产带来了严重的影响，使原已遭受旱灾的小麦大片枯萎而死，以致引起当时美国谷物市场的波动，冲击经济的发展。同时，黑色风暴一路洗劫，将肥沃的土壤表层刮走，露出贫瘠的沙质土层，使受害之地的土壤结构发生变化，严重制约灾区日后农业生产的发展。

人类每一次对自然界的胜利，大自然都要作出相应的反应。继北美黑风暴之后，前苏联未能吸取美国的教训，历史再次重演。1960 年 3 月和 4 月，前苏联新开垦地区先后再次遭到黑风暴的侵蚀，经营多年的农庄几天之间全部被毁，颗粒无收。大自然对人类的报复是无情的。3 年之后，在这些新开垦地区又一次发生了风暴，这次风暴的影响范围更为广泛。哈萨克斯坦新开垦地区受灾面积达 2000 万公顷。

北美和前苏联的黑风暴灾难的发生向世人揭示：要想避免大自然的报复，人类一定要按照自然客观规律办事。也就是说，人类在向自然界索取的同时，还要自觉地做好环境的保护，否则将会自食恶果。

为什么火星上会出现沙尘暴

美国宇航局的科学家和业余天文学家们正在密切地关注着火星的表面——2007 年 6 月下旬~7 月上旬一场史无前例的超大尘暴正在悄然形成，有可能在未来数周内席卷整个火星，关系到已经在火星上工作三年半的"勇气"号和"机遇"号火星探测器的生死存亡。

至少席卷大半个火星

美国康奈尔大学"火星勘测项目"首席科学家史蒂汶·斯夸尔斯表示："我们已经连续 6 天盯着火星尘暴了。尽管我们还不知道它最终的规模有多大，但光现在所观察到的尘暴的直径就有 3000 千米，扬尘高度为 900 千米，即便不是火星全球性质的尘暴，至少也会席卷大半个火星，绝对是我们多年来史无前例规模的尘暴。"

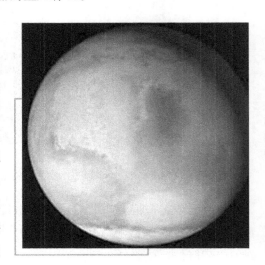

沙尘暴吞没了火星北半球

火星上的超级尘暴的力量究竟有多大？斯夸尔斯解释说，如果放到地球上，那么会是"整座城市整座城市地被夷为平地，不复存在"，"许多摩天大楼会被它连根拔起，直接送到太平洋彼岸"！

虽说火星表面没有建筑可供摧毁，但卷起的沙尘将会"遮天蔽日"至少 3 个月。

全球天文学家 24 小时监视

为了应对这场史无前例的超级尘暴，美国宇航局和业余天文爱好者几乎动用了所有的资源对其实施严密的监视。

斯夸尔斯表示："美国宇航局已经调动'火星侦察轨道者'观察器监视尘暴的形成与发展，以便进一步研究在火星表面上的两个探测器将采取何种防护措施。"

斯夸尔斯还表示，美国宇航局将于 2007 年 7 月 1 日 ~ 4 日召开专门的"火星尘暴研讨会"，研究这场史无前例火星尘暴的形成原因、未来发展，以及对它的观察安排："我们对火星的天气了解得实在太少了，所以我们根本无法预报火星天气。只能等它发生的时候，想想怎么应对。"

一些经验丰富的业余天文学家也通过他们的望远镜发现了正在形成中的尘暴。事实上，美国亚利桑那州凤凰城的保罗·迈克逊是第一个发现火星尘暴的人。迈克逊表示："尽管火星尘暴频发，但很少形成区域性乃至全球性的尘暴。我所见过最大的尘暴是 2001 年，它席卷了整个火星。我预测这次尘暴的规模超过 2001 年，所以我们会全天 24 小时不间断监视着它的发展。"

两探测器面临生死考验

美国宇航局和业余天文学家之所以对这场史无前例的风暴如此重视，因为他们非常关注超常表现的"机遇"号和"勇气"号探测器的命运。

美国宇航局喷气推进试验室火星探测器项目副主任迪娜·巴拉尼表示，尘暴的大小当然会对火星探测器产生巨大的影响："像这次规模的尘暴袭来时，它必然会导致探测器能源缺失，因为遮天蔽日好几个月的结果就是探测器的太阳能无法使用，能源越用越少，最终可能被迫停止工作。另外一个担心是，强大的风力很容易把两个探测器刮跑。因此，我们特别担心已经在火星表面辛苦了三年半的探测器会毁于一旦。"

美国喷气推进试验室发言人盖伊·韦伯斯特表示，火星项目管理层的所有人员都进入"一级战备"，严密监视着火星尘暴的发展，以及如何影响两个探测器："他们几乎每隔几分钟就要更新尘暴发展报告。"

"机遇"号下坑碰运气

美国宇航局的一位官员感叹地说："这场尘暴来得真不是时候，因为我们的'机遇'号正准备碰大运气。"

在这次尘暴形成之前，美国宇航局正打算让"机遇"号探测器进行一次"碰大运气"的行动，那就是让它进入"维多利亚大坑"内部。批准了此次行动的美国宇航局局长助理阿兰·斯蒂恩表示："维多利亚大坑堪称火星远古环境的窗户，进入这个大坑一定会遇到许多意想不到的发现。我们已经对进入大坑的通道口进行了仔细的研究，但我们真不了解坑里的地形到底是什么样，我们不敢保证'机遇'号进入大坑后一定能爬回出来。"

据美国宇航局分析，"维多利亚大坑"是彗星撞击火星表面而形成的，直径约 0.8 千米，坑深 100 余米，是"机遇"号在火星表面勘测过的坑洞中最深的一个。美国宇航局的专家表示："由于它够深，所以我们就有机会发现火星最初时的岩层，从而推测出火星形成的原始环境。"

按原计划，"机遇"号探测器将于 2007 年 7 月 7 日或者 9 日开始行动，先得迈过风化得十分厉害的坑壁，下到坑底，然后对坑的结构进行勘探，这期间稍有闪失就可能粉身碎骨。

美国宇航局对于"机遇"号的这次行动寄予厚望，打算将行动持续 90 天时间，因为"机遇"号和"勇气"号项目花掉了美国宇航局 9 亿美元，现在每个探测器每年分别要花掉美国宇航局 2000 万和 2400 万美元。美国宇航局原本对此次行动充满信心，但火星有不测风云，因此，他们非常担心此次行动会因此泡汤。

福祸还难说

当然，也有乐观的专家表示，如果两个探测器能逃过此次超大尘暴，那么可能会是一桩好事，因为大风将会刮干净探测器上的太阳能板，从而保证探测器更充足的能源。

另外，火星的沙尘暴天气实际上提供了一个现成的气候变暖模型。据

"火星环球观测者"观测数据主要分析者之一、美国亚利桑那大学克里斯滕森教授介绍，此次沙尘暴席卷火星，至少造成火星表面温度短时间内升高了30摄氏度。这主要是包裹火星的沙尘大量吸收太阳能量所致。

这一现象，也为反驳那些"地球变暖怀疑论者"贡献了一个鲜活的例子。虽然证明地球大气正在变暖的证据不少，但仍然有不少人，包括一些著名人士，对此持质疑立场。而近一个月来火星所经历的一切说明，气候变暖不仅能够在一颗行星上发生，而且能够在很短的时间内发生，甚至你可以眼睁睁地看着这件事情发生。

当然，地球与火星的气候系统更多地只能进行类比，无法互相套用。正如克里斯滕森所言，相对于地球而言，火星气候系统要简陋得多。火星大气过于稀薄，含水量也远远要低。但克里斯滕森也指出，尽管如此，火星还是为我们提供了一个"有趣的气候变化模型"。火星的气候变化确实比地球上要快得多，但类似的大规模的剧烈的气候变化在地球上也并非不可能发生。

更何况，火星沙尘暴至少还有警示作用。其实，最早在20世纪70年代，"水手9号"以及"海盗号"火星探测器，就曾观测到席卷整个火星的沙尘暴。正是以这些观测为模型，美国著名学者卡尔·萨根等一批人提出了"核冬天"的概念，为世人描绘了全球性的核大战可能给地球气候造成的毁灭性变化。

这些在今天看来显得危言耸听了。但设想一下光秃秃的火星被一条"沙毯"所裹挟的情形，最起码可以让我们为能拥有一颗蓝色的星球而感到庆幸。

新闻资料

席卷火星的大尘暴

用望远镜观测火星，有时能看到一片黄云，而且黄云的大小和形状是变化的，这就是火星的尘暴。很久以来，人们就发现在火星的南半球上，一到春夏之交便会有大规模的尘暴发生，黄云在几天之内由小变大，由弱

83

变强，用不了几个星期，就覆盖了整个南半球，有时还会蔓延到北半球，形成全球性的大尘暴。尘暴持续的时间至少是几个星期，规模大时可持续几个月之久。

1971年8月，是10多年来观测火星的一次最好机会。5月底，"水手9号"宇宙飞船便开始动身奔向火星，这时火星上的天气还是挺好的。然而火星像是不欢迎这位远方使者似的，一个多月后，"水手9号"走在半路上时，火星就出现了尘暴的迹象。11月，"水手9号"到达火星附近时，火星表面风尘滚滚，什么也看不见。"水手9号"只好暂避一时，在轨道上耐心地等待尘暴过去再观测。没想到，一等就是两三个月，在此期间"水手9号"虽然对火星无所作为，但就近探测了火星的两颗卫星，拍摄了许多照片，准确地测定了它们的形状和大小，总算还不枉此行。这时前苏联发射的"火星2号"和"火星3号"也前来探测火星。它们比"水手9号"大，设计也更为精巧，但运气却差得远了，没作出什么贡献便彻底成了尘暴的牺牲品。当"水手9号"进入环绕火星轨道时，这两个火星探测器也接踵而至，它们按计划把经过消毒的无菌照相设施投放到火星表面。结果"火星2号"1971年11月27日投下装备后便没有任何音信了。同年12月7日，"火星3号"施放的设备装置虽然安全地在火星着陆，但仅工作了短短的20

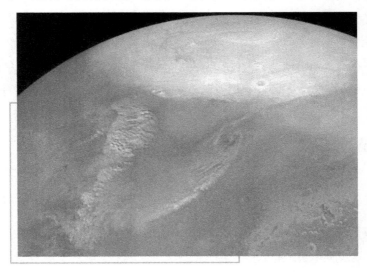

火星北极沙尘暴

秒钟也停机了，仅发回一幅照片的一部分，灰乎乎的什么也看不清。

这场尘暴最大时风速达到 180 千米／秒。在地球上，一般把风力极大的台风定为 12 级，风速在 35 米／秒左右。即使是最吓人的 18 级特大台风，风速也不会超过 70 米／秒。在火星上局部的小尘暴年年都有，特别厉害的席卷全火星的尘暴差不多每隔 10 来年发生一次。据天文学家估计，每次大尘暴时，覆盖在火星南半球上的尘埃达 1000 万～10 亿吨。尘暴是火星上独有的现象，它的形成与空气稀薄、地形、公转轨道等有关。

"沙漠英雄树"——胡杨林

胡杨是杨柳科胡杨亚属植物，是新疆古老的珍奇树种之一。在库车千佛洞和敦煌铁匠沟的第三纪古新世地层中部发现了胡杨的化石，算起来至少也有 6500 万年的历史了。《后汉书·西域传》和《水经注》都记载着塔里木盆地有胡桐（梧桐），也就是胡杨。维吾尔语称胡杨为"托克拉克"，意为"最美丽的树"。由于它具有惊人的抗干旱、御风沙、耐盐碱的能力，能顽强地生存繁衍于沙漠之中，因而被人们赞誉为"沙漠英雄树"。人们夸赞胡杨巨大的生命力是"三个一千年"，即活着一千年不死，死后一千年不倒，倒后一千年不烂。

和田胡杨林

胡杨是新疆荒漠和沙地上唯一能天然成林的树种，主要分布在塔克拉玛干沙漠周围，以塔里木河、叶尔羌河和和田河两岸以及塔里木盆地南缘许多河流的下游最为集中，形成千里"绿色走廊"。据调查，塔里木盆地现保存有胡杨林20多万公顷，木材蓄积量460多万立方米，是当今世界胡杨林的集中分布区。

胡杨是一种天然乔木，树干通直，树叶奇特，生长在幼树嫩枝上的叶片狭长如柳，大树老枝条上的叶片却圆润如杨，叶子边缘还有很多缺口，又有点像枫叶，故它又有"变叶杨"、"异叶杨"之称。胡杨能生长在高度盐渍化的土壤中，因为胡杨的细胞透水性较一般植物强，它从主根、侧根、躯干、树皮到叶片都能吸收很多盐分，并能通过茎叶的泌腺排泄盐分，当体内盐分积累过多时，它便能从树干的节疤和裂口处将多余的盐分自动排泄出去，形成白色或淡黄色的块状结晶，称"胡杨泪"，俗称"胡杨碱"。当地居民用来发面蒸馒头，因为它的主要成分是小苏打，其碱的纯度高达57%～71%。除供食用外，胡杨碱还可制肥皂，也可用作罗布麻脱胶、制革脱脂的原料。一棵成年大树每年能排出数十千克的盐碱，胡杨堪称"降盐改土"的"土壤改良功臣"。

胡杨全身是宝：它的木质坚硬，耐水抗腐，历千年而不朽，是上等建筑和家具用材，楼兰、尼雅等沙漠故城的胡杨建材至今保存完好；树叶富含蛋白质和盐类，是牲畜越冬的上好饲料；胡杨木的纤维长，又是造纸的好原料，枯枝则是上等的好燃料。

1983年，在塔里木河下游胡杨分布最集中的尉犁、轮台两县境内成立了塔里木盆地胡杨保护区。该保护区面积3800平方千米，主要保护古老孑遗树种——胡杨，区内珍贵动物马鹿、白鹤、野骆驼等也在保护之列。该区对保存物种、防风固沙、拯救塔里木生态环境均有重大意义，这里也是塔里木河漂流或生态旅游最迷人的河段。

沙尘暴的治理和预防

沙尘暴治理的关键

沙尘暴，中国人新世纪面临的最大环境问题。

沙尘暴的危害和影响可能超出你的想象。

据统计，中国 2000 年近 20 个省会城市受源起西北地区的沙尘污染，其中远至重庆、南京和杭州等地。大半个中国都在沙尘暴的威胁之下。

这是一组已被媒体反复引用的数据：20 世纪下半叶以来中国沙尘暴的发生次数急速上升，50 年代 5 次，60 年代 8 次，70 年代 13 次，80 年代 14 次，90 年代 23 次；2000 年一年就发生 12 次，2001 年发生 18 次，2002 年发生 13 次，以后每年也平均 10 次以上，近几年略有减少，而且起始时间已由往年的三四月份提前至新年的第一个凌晨。

沙尘暴的背后是土地沙化日益严重，年均扩展速度为：20 世纪 50～60 年代，1560 平方千米；70～80 年代，2100 平方千米；90 年代 2460 平方千米，目前已达到 10400 平方千米，相当于每年损失 4 个中等县的土地面积。

专家测算，近年来，我国每年因风沙造成的直接经济损失高达 540 亿元。

环境污染和经济损失固然是令人痛心疾首的，但这些数字所包含的内容还远远不止这些。沙尘暴对整个社会生活的影响将是十分深远的。

由于土地沙化引起的物种退化，由于不合理的生态建设对生物多样化的破坏，由于牛羊圈养而对生物圈的改变以及牛羊本身的品质、皮毛的退化，从而产生的生态失衡现象将带来什么样的后果，已受到一些专家的关注。

农牧民们为了生存将改变传统的经济结构，一些企业也将利用治沙的契机追逐沙产业的利润，国家将会把大量的资金投入到保护生态的项目中去，这对整个社会的资源配置和利润分配必然产生影响。

土地沙化后的生态难民的转移、人口自然流动的加速，杀掉或者圈养了牛羊之后的牧区文化的重构，以及沙尘暴带来的种种社会心理问题的诊治，都将是我们面临的新问题。

目前最为紧迫的还是如何治理沙尘暴。

为数众多的专家们对沙尘暴的积极反应让人们误以为这是一个纯技术问题。事实上，这是一个远比技术更为复杂的社会问题。

沙尘暴主要是人为因素造成，检讨这些人为因素——人口增长、滥垦乱采、超载放牧、滥用水资源，有多少是纯技术问题呢？

政策失误、管理混乱、地方利益协调失控、运转机制失效，是导致沙尘暴的社会原因。

这些原因并未因为历史的教训而完全得到解决，甚至在新一轮的建设中暴露得更加充分。比如在各部门对生态项目和资金的争先恐后现象中，暴露了财政拨款制度方面的问题。如果层层划拨的制度不得到改革，那么再多的钱也难填"雁过拔毛"的官僚机构的黑洞。

有人称如果把建国以来各地所上报植树成活的林木统计起来，每家人的炕头都挤满了树。谁会对这些树的去向负责任呢？如何建立新的造林监管机制，恐怕会涉及对政府职能的重新定位问题。

从银川到巴彦浩特途经贺兰山时，我们看见了秦长城。绕山而建的秦长城是为当年抵御匈奴的入侵而修筑的。随后我们又看见了同样绕山而建的生态建设区的围封护栏。如今土地沙化的治理也同样具有保家卫国的意义，但是敌人却变成了我们自己。

战胜自己，是这场战役的关键。

沙尘暴治理的措施

面对我国中西部沙尘暴的日益频繁发生和各地旱情的不断出现，专家们一致提出：发展保护性耕作，是中西部农业干旱缺水和日益猖獗的沙尘暴的治本措施，大力发展这一先进的农业生产技术刻不容缓。西北农林科技大学旱地农业研究员、陕西省农业顾问李立科说："我国目前正在建设的三北防护林、环北京防沙林以及退耕造林等，都是采取堵和挡的办法防止沙尘暴和土地沙漠化，不能治本。另外，由于不少地区极度干旱，造林的成活率也是问题。而在三北地区推广机械化保护性耕作，通过秸秆还田涵养水源，增加有机肥力，可以留住60%的降雨蒸发水，是节水灌溉的6倍，坚持十几年，就可解决干旱问题，植树造林的成活率有了保障。土地越种越肥，粮食也就增产了，中国人的吃饭问题也就解决了。"河北省农科院粮油作物研究员、河北省小麦专家顾问组组长李晋生说："河北省张家口、承德地区是形成京津沙尘暴天气的主要农田沙尘源区和风道口，有1600万人口和345000万平方米农田受到威胁和危害，并直接影响到北京……这些生态环保问题的解决，除了退耕还林，广造防风林以外，采取保护性农业耕作才能彻底根除。而且每100平方米只需投入30元左右（传统农业耕作农民每100平方米投资约50元），就可以减少水分流失60%，减少土壤流失80%，抑制沙尘暴，同时提高小麦产量，增加农民收入20%～30％。"发展保护性耕作，专家们建议：从中央到地方，都要切实提高认识，政府部门和科研机构共同努力，才能把这项技术推广开来。

保护性耕作是一项全新技术，甚至可以说是农业耕作技术的一次革命，单靠农机或者农业部门是不够的，必须形成合力。中国农业大学博士生导师、农业部保护性耕作研究中心主任高焕文建议说："国家应该设立'保护性耕作开发工程'，把山西、陕西、河北、内蒙古、辽宁、甘肃在内广大中西部的，适合开展保护性耕作的旱作农田都包括进来。"他又说："我国中西部，包括南方一些省份，适合保护性耕作的农田有六七百亿平方米，增产和环保的潜力是非常大的。"发展保护性耕作，专家们建议：必须大力建设示范农业区，以点带面，用活生生的事实教育广大农民。临汾市农机局局长、农艺师曹连生说："临汾市用了十几年才推广了 4000 万平方米耕地。农民要接受一种新型的耕作方式需要个过程。几千年的传统不好改啊。这就需要各方面去营造一种社会氛围，还要派大批的技术人员深入村村寨寨，手把手亲自示范才行。农民看到了两者的差别，尤其是 2000 年大旱，传统耕作几乎绝收，而保护性耕作由于涵养了水源，增加了土壤肥力，庄稼一片葱绿，因此大家要求政府帮助实行保护性耕作的积极性很高。"

发展保护性耕作，专家们建议：技术配套、机具配套的研制开发一定要跟上，国家应在银行贷款、项目设立以及政府财政上予以倾斜。李立科研究员说："陕西省户县的一家农机厂在我们指导下，开发了一种新型农机，需要 100 万元生产资金，却贷不到款，只好被闲置起来；就农民而言，要买农机和化肥，又要接受培训，资金哪里来？这些问题，政府必须尽快解决。"

人们对自然资源进行长期掠夺式开发，因而造成对自然生态环境的严重破坏，而环境的恶化又为沙尘暴提供了丰富的沙尘物质来源。沙尘暴是一种自然现象，又由于人为因素使之加剧，目前人类尚无法预防沙尘暴灾害的发生，但可以减轻它的危害程度。

预防沙尘暴的几点

（1）加强环境的保护，把环境的保护提到法制的高度来。

（2）恢复植被，加强防止风沙尘暴的生物防护体系。实行依法保护和恢复林草植被，防止土地沙化进一步扩大，尽可能减少沙尘源地。

（3）根据不同地区因地制宜制定防灾、抗灾、救灾规划，积极推广各种减灾技术，并建设一批示范工程，以点带面逐步推广，进一步完善区域综合防御体系。

（4）控制人口增长，减轻人为因素对土地的压力，保护好环境。

（5）加强沙尘暴的发生、危害与人类活动的关系的科普宣传，使人们认识到所生活的环境一旦破坏，就很难恢复，不仅加剧沙尘暴等自然灾害，还会形成恶性循环，所以人们要自觉地保护自己的生存环境。

4道防线阻击沙尘暴

（1）在北京北部的京津周边地区建立以植树造林为主的生态屏障；

（2）在内蒙古浑善达克中西部地区建起以退耕还林为中心的生态恢复保护带；

（3）在河套和黄沙地区建起以黄灌带和毛乌素沙地为中心的鄂尔多斯生态屏障；

（4）尽快与蒙古国建立长期合作防治沙尘暴的计划框架，设置到蒙古国的保护屏障。

我国建成的农田防护林网1

我国建成的农田防护林网2

国外治理沙尘暴的经验

美国5招降服"黑风暴"

美国在第一次世界大战后，因小麦价格昂贵，开始大力移民南部大平原进行农垦旱作。农场主大肆开垦这片广袤的处女地，为追求利润的最大化，在开垦地的肥力耗尽后，他们马上撂荒，转而开垦新的生疏地。结果，伴随着20世纪20年代末和30年代初的连年干旱而发生的风蚀作用，垦区沙漠化过程异常迅速，使南部大平原成为沙尘暴频发的"沙窝"，2000万公顷的草原土壤被刮走了1米厚的沙土层。

1934年5月的沙尘暴是美国历史上最强劲的沙尘暴。那年5月12日，美国堪萨斯、萨克拉门托、科罗拉多三州起源的黑风暴，尘霾蔽天不见天日，形成了一道高3千米、长1440千米、宽400千米的沙尘带，影响范围遍及美国本土2/3的区域。3亿多吨土壤被吹进了大西洋数百千米外，16万农民倾家荡产被迫离开了大平原。

据美国土壤保持局的统计资料，1935～1975年的40年间，美国大平原地区每年被沙尘暴破坏的面积达到了40万公顷，最多达60万公顷，南部棉田因风沙问题每年的重播面积为80%，载畜量由刚开始的2000万头降到了后来的1100多万头。

为了控制大平原的土地荒漠化和沙尘暴，美国进行了一场旷日持久的生态保卫战。从多年的惨痛摸索中，美国形成了一套全方位作业的防沙经验，并成功减少了沙尘暴的发生。总的来说，美国治理沙尘暴主要有"5招"：

招数1："天地结合"。将天气预报和地面治理结合起来。每次强风到来之前，气象部门提前48小时准确预测强风的行走路径，然后在其经过的地区对裸露的耕地进行喷灌，使之湿润结实，切断风沙源。

招数2：固沙有方。把植物纤维、旧报纸纸浆与粘性物质搅拌在一起，与绿色染料混合喷洒在沙尘表面，既固定了沙尘，又可美化环境。另外可将粘性的沙尘固化剂喷在沙漠上，其渗透可达1厘米，且表层不怕压，不起灰，可以走人、行车，非常结实，喷洒一次可锁沙尘1~2年，且成本比植树种草要低得多。

招数3：严惩不贷。沙漠土地拥有者和屋主在其周围人为制造沙尘或不采取措施控制沙尘，每天罚款500美元。如拒不执行，每天增罚2000美元。在沙漠中施工的承包单位负责人和员工在开工前至少要上4个小时的环境课，要求他们一边施工一边用水消尘。如果达不到要求，将勒令其停工或给予罚款。

招数4：提高农耕技术。采取不同成熟期和不同播种期作物间作、套种和作物留茬，大力推行免耕法，并使用特殊的农机具浅耕土地，有效防治了沙尘暴。

招数5：休牧返林。政府鼓励农户退耕休牧、返草返林。在不到5年的时间内，返林面积达1500万公顷，约占全国耕地总数的10%，全美土壤侵蚀面积约减少了40%。

前苏联播绿治沙

前苏联的北哈萨克斯坦草原占了哈萨克斯坦国土面积的1/5，与我国东北大草原和美国中西部大平原并称为"北半球三大肥沃草原"。该草原年均降水量为255~317毫米，并集中在5~9月份，而年蒸发量却在650~750毫米之间，几乎没有无风天。

1954年以前，北哈萨克斯坦草原人口还很少，耕地也不多，少有沙尘暴发生。1954年以后，前苏联提出要在这里建立"东方商品粮基地"，开始大量向这里移民开荒。1954~1961年间，从乌拉尔河流域到西伯利亚西部一带共开垦草原4150万公顷，1963年又开垦了617万公顷。

1959年，北哈萨克斯坦草原的人口就剧增到了275.3万人，随后更是以每年20万人的速度增加，他们大量伐木垦草作为燃料，进行深翻耕。对大自然的掠夺，终于使这片水草丰美的草原变成了世界四大沙尘策源地之一。刚开始，这里被卷起来的是黑色的沃土，被长时间风蚀盐碱化后，则形成了独特的白色沙尘暴。

为了治理沙尘源区，前苏联政府开始采取植树造林、退耕还草以及调整农业结构的方式治理沙尘暴。他们沿着草原区和森林草原区，营造规模巨大的防护林带。到 1985 年，已营造防护林约 550 万公顷。同时，前苏联政府还采取飞机播绿、调整农业结构等方式进行沙尘暴的治理。

经过这么多年的治理后，现在北哈萨克斯坦草原虽然还有沙尘暴，但与大开荒时相比，沙尘暴发生的次数和规模都大幅降低。

澳大利亚围绕牧场治沙

澳大利亚地广人稀，农业主要是畜牧业，被称为"骑在羊背上的国家"。澳大利亚的土地荒漠化主要体现在草场的退化上，广大的平原地区也是澳大利亚的沙尘策源地，因此，澳大利亚对沙尘暴的治理主要围绕牧场来进行。

澳大利亚对牧区治沙主要有如下"三板斧"：

（1）严格实行轮牧。在澳大利亚，农场一般被水泥柱和铁丝网分成了一个一个的方块，不同的方块就是不同的放牧区。澳大利亚人通常不会在同一个牧区里连续放牧，而是轮流使用不同的放牧区，以便牧草能有足够的时间恢复。

（2）大力推广圈养。为了防止羊群将草连根拔起，破坏植被，澳大利亚政府还大力推行圈养，在生态不是很好的地方更是如此。通过割草圈养牲畜，就保留了草根和草茬，也就起到了固沙的作用。

（3）科学搭配畜群数量和种类。澳大利亚养畜非常严格，养什么、养多少不是由农场主自行决定。澳大利亚政府每年都要对各牧场作一次普查，以确定次年的载畜量。而在同一个畜群里，牛、羊的数量搭配也是经过科学测算的，从而达到生态效益和经济效益的有机结合。

此外，澳大利亚政府的法制很健全，执法也非常严格，对违反法规的人一向是严惩不贷，从而保证了上述制度得以顺利实施。

中东黄金铺就绿色

包括西亚和北非在内的中东地区，也是世界四大沙尘暴活跃区之一。由于人口增加，本来就是以不毛之地居多的中东地区，开始大量开垦牧场。

乱砍滥伐森林、过度放牧，以及大面积垦荒，导致那里天然植被破坏，荒漠化加速，沙尘暴经常发生。

为了保护脆弱的生态环境，中东各国根据各自不同的情况采取了一些沙尘暴的防治措施。

（1）制定禁止开垦牧场的法律法规，建立牧场保护区。目前，仅在叙利亚和约旦，这种牧场保护区就超过60个。但是这些计划大多没有显著效果，牧场还在继续恶化，其主要原因是这些生态系统极易受到破坏，而且畜牧量也大大超出这一地区的土地承受能力。

（2）斥巨资绿化城市，这主要聚集在盛产石油的海湾国家。据了解，海湾合作委员会国家最近年来花了数十亿美元在城市内外建造花园和绿地，海湾合作委员会国家用于绿化项目的费用居世界之最。海湾合作委员会国家人均绿地面积达12平方米。像多哈、迪拜等城市，绿化都非常好，而绿化和护理费用也是不菲。可以毫不夸张地说，海湾国家每一块绿地就是一块黄金。

（3）进行植树造林。阿尔及利亚的"绿色坝计划"就是令世人瞩目的生态建设工程。20世纪70年代初，这项规模浩大的绿色坝工程开始动工兴建。这条绿化带的主要工程在阿尔及利亚境内东北部，同时也是摩洛哥、阿尔及利亚、突尼斯、利比亚、埃及5国的跨国工程。

（4）节水保护生态，这主要是在以色列。与海湾国家不同，以色列不盛产石油，但这个沙漠国家利用雄厚的经济实力和尖端的农业技术，大力推行滴灌等节水技术，进行生态建设和农业生产，成为农产品出口大国。

防止沙漠化的对策和建议

严肃法纪，惩治行政腐败

改革开放以来，我国的法制建设进入了一个崭新阶段，制定了大量的法律法规。与防治沙漠化有关的有《环境保护法》、《森林法》、《草原法》、《水土保持法》、《防沙治沙法》，还制定了与这些法律相配套的一系列法规。

这些法律法规之所以称其为法律法规，是因为它们本身具有的权威性、严肃性和强制性。在一个法制的社会，没有凌驾于法律之上的权力。以言代法、以权代法的本身就是非法，为法所不容。因此，任何违背法律法规的行为（包括政府行为）都要依法进行惩处，并给予改正。否则，法不成法，只能助长行政腐败，扰乱社会秩序。

然而，在我们的各级政府部门中，总有人把人民赋予的权力视为个人的特权，好像法律法规是给老百姓制定的，是专门用来管教老百姓的，而约束不了自己。凡符合自己和本部门利益的就依法行政；反之，则千方百计绕过"政策障碍"，甚至寻找种种借口，把法律法规撇到一边。应该说，正是这种执法部门的行政腐败，加剧了我国自然资源与生态环境的破坏。

建议全国人大以"西部开发，生态先行"为题，就有关环保的法律、法规有针对性地进行一次执法大检查，及时纠正各级政府执法中出现的问题，避免历史上大开发带来生态大破坏的悲剧重演。

环境问题的决策要有前瞻性和超前意识

我国保护天然林，在长江、黄河中上游首先禁伐天然林的决策是在1996年水灾后作出的；而禁止采挖和销售发菜，制止滥挖甘草和麻黄草的决策也是在2000年春季沙尘暴和扬沙天气灾害连续袭击北京地区后作出的。均是亡羊补牢，付出了惨痛代价后而痛下决心的。事实上，无论是洪涝还是干旱，早在20世纪70年代末、80年代初已有学者和媒体发出了"长江有变成黄河的危险"、"风沙紧逼北京城"这样的警告。我国高层决策者也并非置若罔闻，只是由于涉及广泛的社会利益群体，而政府的财政支持能力有限，难以当机立断。然而，凡属生态环境问题都有一种"叠加效益"，只是头痛医头、脚痛医脚，不从根本上解决，只能事倍功半，不可能遏制住环境加速恶化的步伐，而且将来一旦治理起来，费用也更加高昂，代价也会更加惨重，远远超过以生态环境为代价所换取的眼前的和暂时的利益。

建议国务院设立包括沙漠化在内的各类生态环境问题专家咨询小组和预警预报系统，为政府部门的高层决策提供科学依据。

加大防沙治沙的国家资金投入

中国治沙工程，国家长期投入不足。"八五"期间，国家投入治沙资金仅1亿多元，地方配套资金又很难落实，因为沙区多是"老少边穷"地区，地方财力有限。相当一部分群众尚未解决温饱，很难拿出钱来防沙治沙。1999年国家投入治沙资金为3000多万元，主要用于治沙工程建设，按治理面积平均每100平方米投入2.26元，只够买两三棵小树苗，与实际需要相差甚远（有专家认为治沙经费每年需20亿元）。目前，在西北地区，造林100平方米成本约100元，每100平方米治沙工程造林，则需500~600元。过去的办法是发动农民投工投劳，以弥补造林经费的不足。在现今市场经济条件下，这种计划经济时代的低投资水平加行政命令，硬性摊派，无偿使用劳动力的办法越来越行不通了，更何况国务院三令五申不允许加大农民的负担，如果再不加大对治沙的投入，今后工作势必出现滑坡。事实上，由于缺乏经费，防沙治沙中的许多关键性问题，如节水技术推广、优良品种选育、病虫害防治、太阳能和风能开发利用等得不到解决；许多治沙林场、苗圃、治沙站、保护站等基层防沙治沙单位，职工工资无保障，生产生活举步维艰、正常防治沙漠化的工作难以开展，同时也造成了工程建设速度慢、质量低、布局分散，难以形成规模；管护力量薄弱，造林种草成果难以巩固等问题。这些现状，与实现国家扶贫攻坚和经济建设重心向中西部转移的战略极不相称。

建议国家加大对防治沙漠化的资金投入，除多渠道筹集资金，与农业综合开发、农田基本建设、工程相结合；还应制定一些相应的优惠政策，实行"谁治理，谁开发，谁受益"的原则。推广荒沙拍卖、租贷、转让、股份合作等治理方式，形成国家、集体、个人一起上，全社会共同参与治沙的新局面。

建立国家防治荒漠化领导小组

防沙治沙并不是一个单纯的技术问题，同时也是社会问题和管理问题。它涉及了社会、经济、生态各个方面和林业、农业、水利、环保等各个政府部门。这是一项复杂的系统工程。以往，沙漠化防治之所以不尽人意，主要原因之一是社会的各个部门各行其是，难以形成合力，甚至一个部门治沙，其他部门却在造沙。凡属环境问题，都是跨行政区横向发展的，而解决环境问题的政府部门却又是纵向设计的。如果恪守于这种部门分割和地域分割的纵向的行政管理模式，那是不可能从根本上解决任何横向的环境问题的。因此，我们也必须横向来设计我们的环境行政管理体系，避免部门之间工作中的扯皮、内耗、分散和重复，提高生态建设工程的整体效率。为此，建议将国家防治荒漠化协调小组升格为国家防治荒漠化领导小组，由国务院直接领导，以提高其权威性和可操作性。根据部门的职能分工，办公室仍设在国家林业局。同时，要加强"高级专家顾问组"的作用，保证荒漠化防治工作的科技含量，增加科学技术和规划设计的透明度。

把环境成本纳入经济核算体系，将生态建设作为政绩考核指标

任何经济开发建设对生态环境都要产生或大或小的负面影响，一利带来一弊。然而，究竟是利大抑或弊大，如何趋利避害，则要通过对环境成本的评估，决定取舍。例如，近10多年来，因挖发菜还使内蒙古220亿平方米草场遭受不同程度的破坏，其中600000平方米沦为荒漠，其余的也处于沙化的过程之中。为此，每年对牧业造成的直接经济损失达30亿元，生态破坏的损失不可估量，还引发了农牧民冲突，造成了影响民族团结的社会问题。因此，这种资源掠夺式的经济活动，理当在禁止之列。

可是，由于长期以来我们对基层干部的政绩考核内容中，只有发展经济的指标而无生态建设的指标，特别在脱贫目标上，一味强调增加牲畜的存栏数和粮食产量，从而助长了牧民过牧草场，农民毁林毁草开荒种地，而由此造成的水土流失和土地沙漠化则不在考核之列。因此，为了最大限度地取得经济指标的快速增长，一些政府官员和政府部门不惜付出生态环境为代价，换取任期内的"政绩"。这是导致急功近利，政府行为短期化与决策短期化的根源。

由此可见，环境的问题根植于我们的社会和经济的结构、体系之中。不改变与生态建设的目标不相适应的社会经济结构、体系，改善环境的努力就不会有大的作为。目前，我们急待解决的就是把环境成本纳入经济核算体系，并将生态建设的具体内容列入各级政府的政绩考核指标中去。

严格控制环境的人口容量，退耕与"退人"结合起来

环境对人口的容量是制定社会发展计划的基础。我国西部生态极其脆弱，破坏易而恢复难，"地广人稀"只是一种表面现象。由于环境容量十分有限，许多地区的人口已经超饱和。有关资料显示，我国北方荒漠化地区人口总数已达4亿，比建国初增加了160%。新疆160万平方千米土地，可供人类生存繁衍的绿洲仅有4.5%，目前农区人口密度每平方千米200～400人，同东部沿海省份的人口密度已不相上下。20世纪初，塔克拉玛干沙漠周缘地区仅有150万人，人口密度（含沙漠、戈壁）2人/平方千米；到80年代，人口增至513万，人口密度8人/平方千米，超过联合国制定的沙漠地区人口密度临界指标为7人的标准。青藏高原河谷合理的人口密度是每平方千米不超过20人，而今在该地区却达90人，大大超出土地承载力。过垦过牧，造成风沙肆虐。西南地区山高坡陡，土壤瘠薄，植被破坏后石漠化严重。石漠化使土地永久丧失生产力，因此比沙漠化问题更严重，也更难以治理。

退耕还林还草工作要与"退人"结合起来，在生存条件恶劣的地区，逐步将超过环境容量的人口迁移出来，转移到小城镇，以便从根本上解决退耕后反复的问题和"靠山吃山"、继续破坏植被的问题，给大自然以喘息之机，恢复元气；同时，发展具有一定规模效应的小城镇，吸纳农村剩余劳动力，转移农业富余人口，也可以带动多种产业的发展，增加群众收入，缓和西部人口压力与土地承载力之间的矛盾。

保护、恢复与重建荒漠生态系统

沙漠化形成与扩张的根本原因，就是荒漠生态系统（包括沙漠、戈壁系统，干旱、半干旱地区的草原系统，森林系统和湿地系统）的人为破坏所致，是对该系统中的水资源、生物资源和土地资源强度开发利用而导致系统内部固有的稳定与平衡失调的结果。以往，我们一手植树种草，通过生物措施和工程措施防治沙漠化，另一只手却破坏荒漠生态系统，制造新的沙漠化土地。事实上，正是由于荒漠生态系统的破坏，尽管我们营造了"三北"防护林，实施了防沙治沙工程，却仍然未能在整体上遏制住沙漠化扩张的步伐。可以说，近半个世纪来，沙尘暴频频的真正原因，并非人工植被营造太少，而是天然植被破坏过甚。小环境的局部改善，抵消不了大环境的整体逆变。

有鉴于此，我们有必要调整防沙治沙战略，从片面重视发展人工植被转到积极发展人工—天然乔灌草复合植被；从单纯保护绿洲到积极保护包括绿洲在内的整个荒漠生态系统。只有重建荒漠生态系统，才能从根本上遏制住沙漠化扩展的势头，扭转防沙治沙和治理水土流失工作中的被动局面，也才能切实有效地改善我国西北地区的大生态、大环境。

来自内蒙古的报告

2007 年的全国"两会"代表、委员进京那天，京城沙尘大作。北京一家媒体去找气象专家，写成一篇《北京上空扬着内蒙古的沙》。

内蒙古沙漠化重灾区示意图

2007 年 3 月下旬，内蒙古气象局农牧气象中心极地卫星遥感图显示，从自治区西北部阿拉善盟扬起的沙尘暴，经过伊克昭盟、巴彦淖尔盟、乌海市、包头市、乌兰察布盟、锡林郭勒盟、赤峰市、通辽市，一直影响到兴安盟以东。沙尘暴的速度最高时达到 22 米/秒。乌兰察布盟以东地区还出现了雪暴天气。海拉尔的降水量达到 9 毫米，积雪厚度最高为 50 厘米。内蒙古东北部部分地区有大雪和暴雪，局部出现吹雪和雪暴。

自治区主席云布龙出席全国人大会议，对记者们说："内蒙古是北方最重要的生态防线。"置身沙尘弥漫的京城，国家各决策部门对此深信不疑。

1997年，我到东部五盟市采访归来，路过乌兰察布盟。三菱车疾驰了几十千米，路两边的平原几乎不见树影。大山、石头，还有当地人的皮肤，都是那种干黄色。商都县一位老人冷嘲说，那地方连耗子都不愿意呆。有个乡，一群喜鹊只能在政府大院的电线杆上搭个窝。可是，老人家的另一句话震惊了我：那被风"剐"得只剩下满眼石砾的原野，30年前，曾是与呼伦贝尔东西遥相辉映的乌兰察布草原！

30年，这跟我的年龄刚好相当，我禁不住问：这怎么可能呢？

1998年的"土地日"，偶然见到一份宣传单，上面说，地大物博的内蒙古每年有近2000平方千米的土地变为不毛之地。一份资料显示，20世纪90年代，全国沙化土地平均每年扩展2460平方千米，内蒙古占了2000平方千米。内蒙古何止是北方最重要的生态防线，完全是国土的生命防线！

有一天，一位政府官员问我："你知道四大国策中哪个排第一吗？"说实话，当时我只想到三个——计划生育，改革开放，环境保护。我忘掉了第一重要的国策——也就是被中央领导强调为最重要的国策——土地管理。

区情教育应该把"危言"写进去"天苍苍，野茫茫，风吹草低见牛羊"的佳句，至今仍然满足着我们的自尊心。事实上，在118万平方千米土地上，真正达到"风吹草低见牛羊"程度的草原屈指可数。

在乌兰察布盟的一些地方，种在山坡上的土豆籽常常被风吹到山下；人死了10多年，被一场黄风连棺带骨给扔了出去，也早已不是什么奇闻……当地有个家喻户晓的段子——"一年只刮两次风，一次就刮六个月"。

我们一直在讲地大物博。20世纪50年代初，内蒙古人均耕地1070平方米，目前这个数字已下降到533平方米，虽仍保持全国第一，但其中80%的耕地属于中低产田，100平方米产低于100千克的几乎占了1/2。

自治区主席云布龙向社会公布过一组触目惊心的数字：目前全区荒漠化土地面积约1050亿平方米，荒漠化仍在以惊人的速度扩展，全区土地治理速度远远跟不上退化速度。

如果继续渲染"地大物博、物华天宝、风吹草低见牛羊"的美誉来教育我们的下一代，他们拥有的将仅仅是历史自豪感。如同教科书上那般美丽的内蒙古，怎么能够让人产生危机感和紧迫感呢？

我们不妨看看日本人的忧患意识，在他们给孩子的教材里，写的是"日本人多地少，资源匮乏，必须珍惜每寸土地，日本民族才能在这个世界上生存"。这和我们充满优越感的灌输相比，哪个更切实际呢？

绿色草地上的罪与罚。内蒙古草原是中国的重要生态屏障，它维持着北方的环境质量和生态平衡。然而，它却正以 100000 平方米/年的速度退化。退化的结果，美丽的草原不是化作肥美的耕地，而是变成沙漠。

打开内蒙古的资源地图，西部的阿拉善基本被围困于沙漠之中，中部乌兰察布、通辽市、赤峰市正面临严酷的沙化困扰，造成数百万人在贫困中挣扎。锡林郭勒草原几年前就已鸣响牲畜超载的警钟，无垠的草原已经黄沙闪烁。近年的沙尘暴强中心就位于锡林郭勒盟西部，令其大部分地区能见度为零。

由于过度垦殖和对土地的掠夺式利用，乌兰察布盟沙化面积已达 140000 多万平方米，占全盟耕地面积的 73.6%，而且沙化面积每年仍在以 2.5% 的速度增加。当年开垦出来的耕地处于低效、无效，甚至负效的状态。

在万般无奈的情势下，乌盟 1994 年作出一项决定：5 年时间以 20000 平方米/年的速度退耕还林、还牧，到今年末，要退掉 100000 万平方米耕地。为了子孙后代的生存，当代乌盟人为此付出了沉重代价！

科尔沁草原已经出现 480000 多万平方米沙地，占通辽市总面积的一半多。强烈发展的沙漠面积达 60000 万平方米，以十几米/年的速度向外扩延。到 80 年代中期，全盟已有 70 万人吃饭告急。一项声势浩大的生命线工程——治沙屯田工程在沙区全面展开。几年时间，全盟在沙漠、沼泽和丘陵山区造田上亿平方米。而 4 年前，科尔沁同样是水草丰美、牛羊成群的驰名草原。

东部的呼伦贝尔被誉为唯一一块"绿色净土"，目前在世界上也属于最好的天然草场之一。但是，那里正形成一个大粮仓，农村、牧区、林区的开荒种粮热潮还一时难以彻底遏制。西部的悲剧正在那里上演。在飞机上俯瞰阿荣旗、莫力达瓦达斡尔族自治旗、鄂伦春自治旗，一些几年前还是树木茂密的丘陵，现在已经像剃头一样在被"刮"光，取而代之的是庄稼。毁林开荒案件每年都有发生。尽管呼伦贝尔盟行署划定了禁垦区，但在一些地方的开荒种粮者眼中，这项政策不过是一纸空文。据新华社报道，呼伦贝尔盟近些年增产粮食超过8亿千克，80%来自扩大耕地面积，20%是提高单产。专家认为这是典型的掠夺式经营。1997年，呼伦贝尔盟发生了一次近于"龙卷风"式的沙暴，海拉尔市中心碗口粗的树木被拦腰吹断，许多居民房上的瓦被掀飞，并造成多起伤人事故。

在水土流失较为严重的其他盟市，乱开滥垦现象也十分猖獗。目前全区超垦面积已近70000万平方米，超垦率突破10%。在城市，土地管理的中心环节还停留于最基本的保护层面。前些年，各地一哄而上，大办开发区，掀起"圈地运动"。一些决策者以为在乱草滩圈一块地就能引来富豪巨贾，结果劳民伤财，虽多次剪彩仍不见人迹。因为这些"面子工程"被附加上许多"深远意义"，一些好端端的土地一直被废弃在那里，无人敢于问津。开发区的收益到底如何，各地官员自然心知肚明。而当年的弄潮人，有的已经连升数级，有的已经锦衣而退。

人治与法治的较量可以这样说，现今的土地管理在人们心中还远没有达到第一国策的位置。土地部门行使职权时，往往被一些领导说成是干预经济。最令土地管理部门挠头的是，一些政府领导在代表国家出让土地，扮演土地分配人的角色，土地部门成了补办手续的机关。

前国家主席江泽民曾指出："保护耕地，就是保护我们的生命线。""中国地大物博的这个印象不行了，这一点从我们开始，各级领导到老百姓都要清楚。"

1997年，中央决定：冻结非农业建设项目占用耕地，冻结县改市，实施建设用地大清查。

1997年10月1日开始实施的新《刑法》中，增加了土地犯罪条款。分别设立了"破坏耕地罪"、"非法转让土地罪"、"非法批地罪"，最高徒刑7年，并处罚金。

九届全国人大二次会议将《土地管理法（修订草案）》交由全民讨论。

这是继《宪法》之后，第二部交由全民讨论的法律。新的《土地管理法》颁布后，总体指导思想仍是采取世界上最严格的措施管理土地、保护耕地，坚持土地由国家管理的原则，改变审批制度，实施"用途管制"，强化执法监督力度。

过去，由于宏观控制乏力的耕地"分级限审批制度"和缺乏监督的权力共同作用，加上利益的诱惑和创造"政绩"的驱动，使一些人只顾眼前利益，把国家和民族发展大局的责任抛诸脑后，把对子孙后代的责任抛之脑后。这样的历史该收场了，因此酿成的悲剧绝不能再续演下去了！

但存方寸地，留与子孙耕。

20世纪下半叶，我国强沙尘暴呈急速上升趋势：50年代共发生5次，60年代共发生8次，70年代共发生13次，80年代共发生14次，90年代共发生23次。

连日风沙弥漫，将刚刚步入春季的北京的天空涂上昏黄的颜色，将大地蒙上一层细细的粉尘。这是一场席卷了大半个内蒙古，并波及华北地区和部分东北地区的沙尘暴，同1998年4月使北京地区下了一场"泥雨"的那一场沙尘暴一样，都源起内蒙古西部的阿拉善盟。所不同的是，今年的沙尘暴天气较往年足足提前了半个月。风景秀丽的江南也下起了"泥浆"。

沙尘暴是一种危害极大的气象灾害，我国古代称之为"霾"，表示尘沙自空而降，是一种天昏地暗、白天也要点灯的风沙天气。

近半个世纪以来，我国西北地区的荒漠化随着人类经济活动的增长而加剧，沙尘暴随之成正比，越发频繁地发生。1979年，塔里木盆地在4～6月间先后刮了3场沙尘暴，其中的一次，仅尉犁县3天之内平均每平方千米就降尘25600吨；1983年，新疆石河子垦区遭受沙尘暴袭击，2500万平方米农作物受灾，直接经济损失300多万元；1986年5月，一场10级大风席卷新疆和田，农作物受灾2000万平方米，直接经济损失5000多万元；1993年5月，发生在西北地区的一场强沙尘暴，造成12万头（只）牲畜死亡丢失，50500万平方米农作物受灾，380人死亡，直接经济损失5.4亿元；1995年5月15日，甘肃省一场特大沙尘暴使降尘量高达1243.1万吨，相当于省内最大水泥厂15年的产量；1998年4月，西北12个地、州遭受沙尘暴袭击，4610 万平方米农作物受灾，11.09 万头（只）牲畜死亡，156 万人受灾，直接经济损失 8 亿元……沙尘暴的频繁发生与荒漠化扩展的步伐是一致的：20 世纪 50～60 年代，沙化土地每年扩展 1560 平方千米；70～80 年代，沙化土地每年扩展 2100 平方千米；90 年代，沙化土地每年扩展 2460 平方千米。

其实，沙尘暴就是土地荒漠化的警报，而沙尘暴发生的频率与强度的增大，则是敲响了生态危机的警钟。毫无疑问，我国西部大开发所面临的最大挑战，就来自西部脆弱的生态环境，而首当其冲的，正是严重的土地荒漠化的挑战。西部大开发再也不能走"先破坏后保护"的路子。西部大开发必须先保护生态，先治理环境，并且将环境保护贯穿于开发的始终，还后代一个林茂草丰、山川秀美的大西北。

一年 18 次沙尘暴的警示

2007 年春季，我国北方地区出现了 18 次沙尘暴天气。中国气象局国家气候中心分析预计未来春季我国北方沙尘暴天气过程将有 11～15 次，但不排除在较强冷空气配合下出现强沙尘暴的可能性。

近年频频袭来的沙尘天气让大半个中国的数亿人口体会到了沙尘危害的切肤之痛。痛定思痛，该如何从根本上有效减少沙尘天气？面对沙尘，我们曾经忽视了什么？还应当做什么？

近年冬春气温偏高，降雪偏少，地表干燥，沙土松动。对此，北京市环保局局长史捍民在回答市民提问时表示：北京有可能面临比较严重的沙尘污染。

惊！沙尘源头见闻

去年，漫天沙尘经过包头、呼和浩特等地。随后不过十几个小时，京津地区多半亦会弥漫沙尘。

国家环保总局阿拉善荒漠生态环境监测站站长杨海说，呼和浩特、包头地区的沙尘大多沿着阿拉善—河套平原一线而来，这里是我国最大的沙尘源。阿拉善面积达 27 万平方千米，几近 2 个安徽省面积，其经济地位不足言道，生态地位却在全国举足轻重。

据这个站近年来的多次定量监测，分布在内蒙古最西部阿拉善盟及甘肃、宁夏部分地区的巴丹吉林、腾格里、乌兰布和、亚玛雷克四大沙漠，原本处于相对固定和半固定状态，每个沙漠同相连的周边其他地貌之间有一道基本轮廓线，而今固定的沙子冲破轮廓线，顺着西北风向斜贯阿拉善中部形成 5 处"决口"，决口区域以五六十平方千米/年的面积在增加，并已经"握手汇合"，吞噬草场、盐场、农田，同时也给其下风向的河西走廊、宁夏平原、河套平原乃至京津地区带来新的风沙威胁。

近年内因黑河分水，东居延海重现碧波，尽管如此，站在岸边，风吹起的细尘仍让人的眼睛不由得眯成一条线。这些细小的尘埃细度在 50～300 目间，可被风力运送到数千千米之外，自然呼吸就可吸入肺部。令人忧虑的是，由于黑河分水量不够，西居延海已经大面积裸露。

水！"人祸"大于天灾

在阿拉善，与四大沙漠相对峙的本有 3 道天然生态屏障，分别是南北绵延 280 多千米的黑河下游额济纳绿洲、横贯东西 800 多千米的梭梭林带、贺兰山天然次生林以及沿贺兰山西麓分布的滩地，在空间上呈"Ⅱ"型分布。但多年来对水土林草等资源的掠夺式开发利用，导致生态系统的自我调节功能受到严重损伤，3 道延续数千年的天然屏障在近几十年内明显受损。

据阿拉善盟环保局的监测，自 20 世纪 60 年代以来，额济纳绿洲由 6500 平方千米退化到 3300 平方千米；梭梭林由 1700 万亩（1 亩≈666 平方米）减少到 834 万亩残林；贺兰山水体面积由 307 平方千米减少到 240 平方千米。在有些地段，黄沙已"爬"上山体。

生态恶化、沙漠决口，"人祸"中的"祸首"当属不合理的农业开发结构，及引发的严重水危机。

据介绍，20 世纪六七十年代，在"以粮为纲"的口号下，阿拉善高原曾掀起几次大规模的开荒浪潮。由于大量抽取地下水，不仅使当地的原生植被遭到破坏，而且最终导致土地盐碱化，留下成片的废弃耕地，如今这些地方已沙化。

尤其是居延海地区，据卫星图像和考古证实，秦汉时期的居延海，湖面面积尚有 726 平方千米，与今天的鄱阳湖面积相仿。而 1958 年的航片测量显示，东西居延海水域面积分别为 35.5 平方千米和 267 平方千米。1961 年西居延海干涸，1992 年东居延海干涸，原本在河、湖附近生长稠密的芦苇、芨芨草等优质牧草及胡杨林、沙枣林、红柳林大面积枯死。

除黑河流域之外，放眼与阿拉善紧密相连的整个河西走廊，位于疏勒河下游的敦煌绿洲、石羊河下游的民勤绿洲地下水位明显下降，天然林大量干枯死亡，沙化速度加速，分别出现了敦煌月牙泉面临干涸、民勤县大量良田被沙埋、10 万农民沦为生态难民的恶果。

其中，民勤县正处于巴丹吉林沙漠和腾格里沙漠决口相连的下风向，专家预言这里有可能变成第二个罗布泊。这里近 20 年来，被流沙以平均 6 ~10 米/年的速度吞噬，由沙漠绿洲变成"沙海孤舟"，一旦民勤"失守"，整个河西走廊将会被拦腰截断。

草！来一场草业革命

河西走廊的水危机可谓是西部内流河区域陷入争水恶性循环的集中反映。

西部缺水，而急于脱贫致富的老百姓仍在通过拦河或打井等办法引水灌田，由此加剧了荒漠化扩展步伐。因此，沙尘暴表面上看是个生态问题，实质上是个经济问题。

中科院寒区旱区环境与工程研究所程国栋院士、国务院发展研究中心上海发展所郝诚之研究员等人认为，西部的区情是干旱少雨、水资源短缺与土地广袤、日照充足并存，从这一特点出发，就应该减少甚至在部分地区取消耗水量大、附加值低的粮食生产，大力发展多采光、少用水的草产业。在西部大力发展草产业符合农业部于 2003 年提出的全国 11 种优势农产品区域布局规划，有利于形成东中部以产粮为主、西部以产肉为主的区域化分工、专业化生产、产业化经营的现代农业。这是一个将生态与生存、局部与全国统筹考虑的战略性大调整。

比如在河西走廊的临泽、高台、金塔等县可大幅减少耗水多、效益比较低的粮食种植面积，大力发展多采光、少用水的草产业。即发展以种草为基础的集约型畜牧业，用多产的肉蛋奶来替代部分粮食消费、改善食品结构，剩余的粮食缺口可从东中部产粮大区调入，按照退耕还草的补偿办法来解决。上述3县涉及30多万农业人口，解决粮食的成本不算太高，而省下来的水却可从根本上满足黑河分水需要，产生巨大的生态效益，由此破解生态与生存争水的尖锐矛盾，斩断干旱地区水越争越穷的恶性循环链。

根据全国政协经济委员会副主任委员洪绂曾的调查，我国肉食结构中耗粮型的猪、鸡肉占80%以上，草食性动物提供的肉类不足13%，而在发达国家这个数据可达55%～60%。有关专家建议，对草业的认识，过去多局限于畜牧业，把草业作为畜牧业的"副业"，结果仅仅强调畜牧业，就会形成超载过牧与草原退化的恶性循环。草产业的核心是要以草作为畜牧业的基础，以草作为整个产业的龙头。

西部河西走廊、河套平原、黄土高原等农区种植业结构调整后，可腾出至少1200万公顷的饲用作物种植面积，相当于增产饲料粮4000万吨，这些将为草食家畜发展奠定基础，并在新的起点上推进西部大开发和新农村建设，建成一个个逐步走向现代化的草原新村。

沙尘暴备忘录

从我国近千年间沙尘事件分析看，沙尘频发期大约有 5 个，即 1060～1090 年、1160～1270 年、1470～1560 年、1610～1700 年、1820～1890 年。目前我国正处于沙尘天气非频发期的上升期。

近几十年来，我国北方大部分地区的沙尘暴日数在减少，只有青海（柴达木盆地周围）、内蒙古（浑善达克沙地周围）和新疆小部分地区的沙尘暴日数呈增长趋势。

同样，我国北方地区扬沙日数也是以减少为主。

1993 年中国甘肃沙尘暴

近年来，沙尘暴又在中国肆行无忌，屡有发生。1993 年 5 月，一场罕见的沙尘暴袭击了中国新疆、甘肃、宁夏和内蒙古部分地区，沙尘暴经过时最高风速为 34 米/秒，最大风力达 12 级，能见度最低时为 0。这场风暴造成 85 人死亡，31 人失踪，264 人受伤；12 万头（只）牲畜死亡、丢失，73 万头（只）牲畜受伤；37 万公顷农作物受灾；4330 间房屋倒塌，直接经济损失达 7.25 亿人民币。

此后几年，沙尘暴就像看上这里了一样，不断地骚扰中国西北部和内蒙一带。1994 年 4 月，河西走廊上空发生强沙尘暴；1995 年 3 月甘肃敦煌市出现沙尘暴；1995 年 5 月 16 日，沙尘暴袭击了银川市；1995 年 5 月 30 日，沙尘暴又一次袭击了敦煌、金昌等 10 多个县市；1998 年 4 月，沙尘暴席卷了新疆阿勒泰、塔城、昌吉、吐鲁番、哈密等地，农作物损失惨重。此外，2000年春，沙尘暴竟又12次袭击了北京。

1993 年中国甘肃沙尘暴

T70 列车遭沙尘暴狂袭

2006年4月12日8时06分，从乌鲁木齐发车的T70列车，因沙尘暴晚点近33小时后，终于驶入了北京西站三站台。

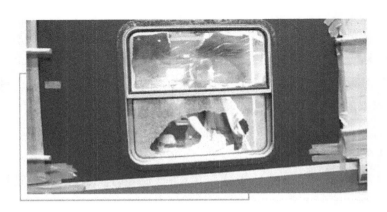

伤痕累累的列车

9日晚7时左右,该列车行至新疆东部小草湖到红层之间时,遭遇12级大风,21节车厢向风车窗全部被沙石砸碎。

旅客下车抱头痛哭

12日晚8时许,T70列车驶入北京西站时,车头已经换成了新的。该车次原本应于11日上午11时14分抵京,共晚点近33小时。21节车厢向风面的窗户,双层钢化玻璃几乎没有一片完好,每个车窗都用木板钉着,用棉被堵着,还用铁丝和胶布缠牢,活像骨折后打了绷带。从车上下来的乘客大多蓬头垢面,在站台上和前来接站的亲人抱头痛哭。

老太太被风刮倒

5号车厢的王先生满脸疲惫。他回忆说,9日晚7时左右,车身突然开始猛烈地摇晃,紧跟着,就听到列车员对乘客喊道"餐车玻璃窗已被沙石打碎,大家赶紧用被子将玻璃挡上"。大家正用被子捂车窗时,一个坐在车窗跟前的老太太,转眼就被风刮到了车厢中间。紧接着,车窗也一个接一个碎了,风夹着沙石砸进车里。

沙尘打碎列车窗

床板和被子堵塞破窗

6号车厢68岁的石河子人蒋根土回忆说，车窗越碎越多，列车员让大家把床板拆了，和被子一起堵住窗户。没过几分钟，车停下后，列车员开始将硬座车厢的人疏散到卧铺车厢里。

"听列车员说，我们遇到了12级的大风。那天夜里很冷，我都绝望了。"乘客李小姐说，车停了一夜，到10日早晨六七时才开。

大家蜷在车厢里，暖气也没有，几百人就坐着。10日晚上11时左右，车进入哈密站，工作人员用了4个多小时，将窗户用三合板钉好。

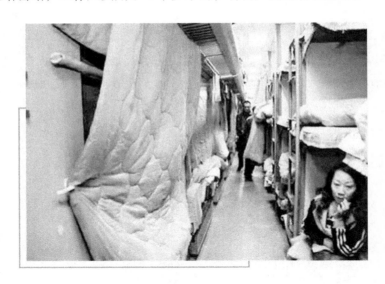

用被子遮挡的列车窗

一节车厢扫出30桶沙石

"我洗干净头发，整整用了5盆水。"列车的乌鲁木齐中心区邮政局押运员曾新龙说，刮进列车的沙土，几乎有1厘米厚。每位旅客，都是满头沙子满面土。列车到达哈密站后，他趁隙去洗了个头，结果整整用了5盆水才洗干净。而他们那节车厢打扫出来的沙石，就有30桶。

我国沙尘暴的现状

时间：中国沙尘暴发生时间主要在 3～4 月。以 2002 年为例，全国共出现沙尘过程 12 次，其中强沙尘暴过程 4 次，都出现在 3～4 月。国家卫星气象中心对上述全部过程进行了监测、分析。

地域：沙尘暴主要发生地区在东经 110°～117°，北纬 38°以北广大地区，即以河北沧州为界，往北到天津、北京直到内蒙古，往西经石家庄、银川、兰州、青海祁连，往北到内蒙古边界。

源头：中国沙尘暴主要源地是蒙古国甚至中亚沙漠地区，这类沙尘暴强度大，其影响明显大于境内源地沙尘暴；我国境内源地是甘肃河西走廊、内蒙古南部、河北北部及其他沙漠区。

路径：近几年特别是 2002 年春季影响北京的沙尘暴路径主要有 4 条：第 1 条是蒙古—内蒙古—北京转向东北路径。第 2 条是河西走廊东移到北京路径。第 3 条是从内蒙古朱日和地区经河北张家口一带影响北京。第 4 条是从晋北高原向东影响北京地区。

相关因素：通过对 1998 年以来特别是 2002 年华北地区主要沙尘过程与有关气候因素即地面植被、2 月份积雪覆盖、0～10 厘米土壤湿度、气温的初步分析，认为沙尘天气与春季冷空气活动关系密切，当春天冷空气路径偏西、偏南时，例如 1999 年 4 月，华北沙尘天气少，主要过程发生在西北；反之，当冷空气主力偏东、偏北时，例如 2000 年 4 月、2002 年 3 月，主要过程发生在华北。

沙尘暴的影响：强沙尘暴不仅影响西北、华北、华中、华东地区，如果在 7～8 千米高处遇到高空急流区，和在东北冷空气旋涡强烈发展的形势下，强沙尘可以向东北方向输送，影响东北、远东，甚至更北的地区，这是全球大气环流造成的。

经统计，20 世纪 60 年代特大沙尘暴在我国发生过 8 次，70 年代发生过 13 次，80 年代发生过 14 次，而 90 年代至今已发生过 20 多次，并且波及的范围愈来愈广，造成的损失愈来愈重。现将 90 年代以来我国出现的几次主要大风和沙尘暴天气的有关情况介绍如下：

1993 年：4~5 月上旬，北方多次出现大风天气。4 月 19 日至 5 月 8 日，甘肃、宁夏、内蒙古相继遭大风和沙尘暴袭击。其中 5 月 5~6 日，一场特大沙尘暴袭击了新疆东部、甘肃河西、宁夏大部、内蒙古西部地区，造成严重损失。

1994 年：4 月 6 日开始，从蒙古国和我国内蒙古西部刮起大风，北部沙漠戈壁的沙尘随风而起，飘浮到河西走廊上空，漫天黄土持续数日。

1995 年：11 月 7 日，山东 40 多个县（市）遭受暴风袭击，35 人死亡，121 人失踪，320 人受伤，直接经济损失 10 亿多元。

1996 年：5 月 29~30 日，自 1965 年以来最严重的强沙尘暴袭掠河西走廊西部，黑风骤起，天地闭合，沙尘弥漫，树木轰然倒下，人们呼吸困难，遭受破坏最严重的酒泉地区直接经济损失达 2 亿多元。

1998 年：4 月 5 日，内蒙古的中西部、宁夏的西南部、甘肃的河西走廊一带遭受了强沙尘暴的袭击，影响范围很广，波及北京、济南、南京、杭州等地。4 月 19 日，新疆北部和东部吐鄯托盆地遭瞬间风力达 12 级的大风袭击，部分地区同时伴有沙尘。这次特大风灾造成大量财产损失，有 6 人死亡、44 人失踪、256 人受伤。5 月 19 日凌晨，新疆北部地区突遭狂风袭击，阿拉山口、塔城等风口地区风力达 9~10 级，瞬间风速达 32 米/秒，其他地区风力普遍达到 6~7 级。狂风刮倒大树，部分地段电力线路被刮断。

1999 年：4 月 3~4 日，呼和浩特地区接连 2 天发生持续大风及沙尘暴天气。这次沙尘暴的范围从内蒙古自治区的西部地区一直到东部的通辽市南部，瞬时风速为 16 米/秒。伊克昭盟达拉特旗风力最高达到 10 级。

2000 年：3 月 22~23 日，内蒙古自治区出现大面积沙尘暴天气，部分沙尘被大风携至北京上空，加重了扬沙的程度。3 月 27 日，沙尘暴又一次袭击北京城，局部地区瞬时风力达到 8~9 级。正在安翔里小区一座 2 层楼楼顶施工的 7 名工人被大风刮下，2 人当场死亡。一些广告牌被大风刮倒，砸伤行人，砸坏车辆。

2002 年：3 月 18~21 日，20 世纪 90 年代以来范围最大、强度最强、影响最严重、持续时间最长的沙尘天气过程袭击了我国北方 140 多万平方千米的大地，影响人口达 1.3 亿。

2003 年：中国共出现了 7 次沙尘天气过程，其中有 2 次沙尘暴天气过程，其余 5 次均为扬沙过程。2 次沙尘暴天气过程均发生在 4 月份，其中 4 月 8～11 日出现的沙尘暴过程是 2003 年入春以来强度最强、范围最广的一次，波及西北大部及山西、辽宁等地。这次沙尘过程至少使近 3000 万人口、430 万公顷耕地及 5900 多万公顷草地受影响。与过去 4 年相比，2003 年的沙尘范围和日数都明显偏少，而初春（3 月份）中国北方地区没有出现沙尘天气过程是近几年没有过的。

2004 年：3 月 9～10 日我国北方地区发生的 2004 年以来规模最大的沙尘天气，使 11 个省、自治区、直辖市受到不同程度的影响，6 座重点城市空气受重度污染。根据空气质量日报监测统计结果，在我国 47 座重点城市中，2004 年因沙尘天气造成空气质量重度污染的城市为 8 座次，其中受本次沙尘天气影响的城市为 6 座。在此前 3 年同期，因沙尘暴造成重度污染的城市分别为 37 座、7 座和 4 座。

2005 年：2 月 23 日 11 时，武威市民勤县出现沙尘暴，最小能见度 800 米，平均风速 12.8 米/秒，最大风速 21.6 米/秒。5 月 27 日开始，阿拉善地区发生近年来最为严重的沙尘暴，沙尘暴夹杂着雷雨和冰雹，一直延续到 28 日晚。2005 年 5 月 28 日晚，天空一片黄蒙蒙，能见度不超过 50 米。

2006 年：3 月 10 日哈尔滨出现浮尘转扬沙天气，3 月 27 日沙尘暴突袭中原，4 月 17 日北京下土了，4 月 18 日，甘肃 2 名农民工因沙尘暴遇难。

2007 年：上海 4 月 2 日遭 7 年来最严重的浮尘天气。2 日下午空气污染指数 API 高达 500，这一数据超过重度污染 API 指数 300 的限值，而且是上海自 2000 年 6 月 1 日建立可吸入颗粒物测量以来的历史最高值。4 月 13 日强沙尘暴袭击了玉门，沙尘暴严重时能见度不足 50 米，嘉瓜高速公路上部分车辆被迫停止行驶。

2008 年：5 月 26～27 日，内蒙古锡林郭勒盟东乌珠穆沁旗自西向东出现大风特强沙尘暴天气，27 日早 8 时 30 分，东乌珠穆沁旗乌里亚斯太镇沙尘暴最小能见度小于 5 米，瞬间最大风速达 27 米/秒，风力达 10 级，伴随沙尘暴还出现了寒潮，24 小时内降温达 13.4℃。中小学校停课。

沙尘暴的世界分布

我们知道世界上沙尘暴主要区域包括：非洲撒哈拉沙漠的中非沙暴区，独联体中亚部分及中国西北部的中亚沙暴区，美国大平原、新墨西哥州东部、亚利桑那州西南沙漠大平原区，以及南半球澳大利亚等国家地区。

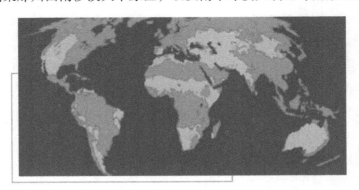

全球沙尘暴多发生于沙漠及邻近的干旱、半干旱的地区
（浅灰部分为沙暴区，深色为受影响区域）

世界各地的沙尘暴

悉尼沙尘暴

据英国《每日邮报》报道，2009 年 9 月 23 日一场沙尘暴席卷了澳大利亚东部，将悉尼整个天空染成了红色。美国宇航局的一颗卫星当天拍摄到了这场沙尘暴，照片中一堵"沙墙"席卷了昆士兰州。

美国宇航局的一颗卫星当天拍摄到了悉尼沙尘暴，照片中一堵"沙墙"席卷了昆士兰州

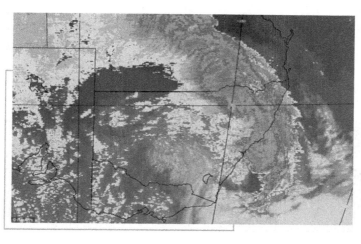

这张卫星照片中显示澳大利亚沙尘暴（深灰部分）的运动

一名飞机乘客空中拍摄的悉尼沙尘暴

　　这场来自内陆的沙尘暴席卷了澳大利亚东部，飘扬的沙粒将悉尼整个天空染成了红色。沙尘还给悉尼带来了麻烦，交通停顿。国际航班转到其他城市，海港渡船暂停，因为能见度太低，司机被警告关注路面状况。

　　但是，这种诡异的画面并未中断所有活动，著名的邦迪海滩依旧不乏冲浪者，孩子们也还在市内公园荡秋千。这场沙尘暴 22 日在席卷悉尼之前曾袭击布罗肯山市，沙尘暴是由强冷锋扬起干涸的大陆腹地的土层引起的。

这场携带着近 500 万吨沙尘的沙尘暴蔓延到了
澳大利亚昆士兰州南部部分地区

悉尼新南威尔士的官方空气污染指数高达 4164

　　这场 97 千米/小时的大风还助燃了澳大利亚的丛林大火。到 23 日中午，这场携带着近 500 万吨沙尘的沙尘暴蔓延到了澳大利亚昆士兰州南部部分地区。沙尘暴剥离了农田中宝贵的表层土。有一段时间，每小时吹起的沙尘达到了75000吨，它们被刮过悉尼，落进太平洋里。

昆士兰州格里菲斯大学沙尘观测站的克雷格·斯壮说："这是由综合因素造成的，包括累积了10个月的洪灾、干旱和疾风。加之严重干旱导致植被覆盖率降低，土壤表面应对风蚀的能力最差。"电视天气频道的迪克·惠特克说："这是空前的。我们看到尘土、大风和火灾三管齐下。"

与此同时，卫生部门警告患有哮喘病或者呼吸疾病的人尽量待在室内。悉尼新南威尔士的官方空气污染指数高达4164。通常空气污染指数超过200就被认为存在危险。在悉尼中心商业区，沙尘暴甚至触动了大楼里的火警装置。新南威尔士卫生部的韦恩·史密斯说："儿童、老人、孕妇和患有心脏病以及肺病的人有危险。沙粒会增加这些人的不适感。"

悉尼市居民在接受采访时说，一觉醒来发现自己处于似乎只有在好莱坞灾难大片中才有的场景，而很多人还给急救中心打电话，担心市内发生火灾。一名居民告诉澳大利亚广播公司电台："我的确感觉像世界末日到来了，因为当时我正在厨房看到天窗一片红光。"

悉尼市居民在接受采访时说，一觉醒来发现自己处于
似乎只有在好莱坞灾难大片中才有的场景

飘扬的沙粒将悉尼整个天空染成了红色

著名的邦迪海滩依旧不乏游泳者

　　尘暴沿海岸铺开数百千米，从悉尼北部的纽卡斯尔煤港到南部的钢铁城市伍伦贡，从内陆数百千米到农业小镇杜波和塔姆沃斯全被裹在其中。气象官员称，沙尘暴会持续数小时，直到风速减缓下来。此外，这周的晚些时候还会迎来冷锋，这一次不仅是更强劲的风——沙尘暴可能乘虚而入，而且澳大利亚山区还会出现降雪。

　　虽然澳大利亚发生沙尘暴并不罕见，但是通常只限于内陆。有时在普遍干旱的情况下，沙尘暴会到达沿海地区。澳大利亚是最干旱的可居住大陆，干旱程度仅次于南极洲。澳大利亚新南威尔士州政府近来统计，因为谷物带的降雨降低，2009～2010年度小麦作物减产近20%。澳大利亚是最易受气候变化影响的国家之一，而且是世界上人均温室气体排放量最大的国家，因为澳大利亚的主要电力依靠燃煤发电站发电。目前澳大利亚正在应对最严重的干旱之一，气象专家指出，厄尔尼诺现象正在缓慢形成，它将意味着澳大利亚东部州会更加干旱。

虽然科学家不愿把气候改变和极端天气如暴雨和干旱直接联系起来，他们称，这些波动是随大气条件的变化而变化的，环保人士却把这两点联系在一起。但粮食作物分析人士指出，这次尘暴不可能对澳大利亚第二大小麦生产州新南威尔士州的小麦产生直接影响。下月将是小麦的收获期。

沙尘暴袭击沙特首都

据英国《每日邮报》报道，起源于沙特阿拉伯沙漠的一场巨大的沙尘暴，2009年3月10日席卷了沙特阿拉伯首都利雅得的大部分地区。滚滚黄尘铺天盖地而来，笼罩了利雅得近郊住宅区，由粗、细沙粒构成的巨大"天幕"挡住居民的去路。

一场巨大的沙尘暴席卷了沙特阿拉伯首都利雅得

沙尘暴中断了当地航班

沙尘暴中的沙特阿拉伯人

由于能见度低，道路交通几乎瘫痪　　　　　　沙尘暴袭来瞬间

400 万市民被困

遮天蔽日的黄尘挡住人们的视线，周围的建筑物和树木都看不见了，由于能见度低，道路交通几乎瘫痪。利雅得 400 万市民被困。由于机场指挥塔台和主跑道之间的能见度非常低，利雅得机场被迫停止飞行。一位民用航空公司发言人说："沙尘暴逼近利雅得时，场面令人感到惊恐。从利雅得飞往国外的航班全部延迟，所有飞往利雅得的国际航班则被分流至该国的其他机场。"

开车的人表示，铺天盖地而来的黄尘使高速路上的能见度仅为 1 米。经常坐车往返于市郊的纳赛尔·艾哈迈德说："大部分司机把车开到路边停下来，关紧车窗，避免沙尘进入。少数司机则开着安全灯，继续缓慢前行。"

沙特 20 年来最强沙尘暴

利雅得位于沙特阿拉伯沙漠中心区域，这里经常会发生沙尘暴，但是 10 日的沙尘暴被认为是几十年难得一见的"灾难"。沙特气象部门称，这次沙尘暴的强度达到了20年来的顶峰。政府发言人阿卜杜拉·拉哈曼·艾尔莫贝尔少将告诉《阿拉伯新闻》说："这场沙尘暴的规模非常庞大，它是我们见过的最为狂暴的一场。不过幸运的是，由于交通部经常实施尘暴意识项目，这次沙尘暴并没造成重大事故。"

沙特阿拉伯气象局的一名官员说："沙尘是由沙特阿拉伯北部和中部地区的高压造成的。高压把沙尘扬起，再借助风力，把尘埃带到数百千米以外。10日的沙尘暴持续了几个小时，随着沙尘滚滚北上，现在该国北部和中部地区已经降温。"但是他表示，现在利雅得很多地区覆盖的尘沙已经多达数吨，"尘暴给该市造成了严重破坏，除此以外，它还给人们带来很多清理工作。"

伊拉克沙尘暴

伊拉克2009年7月沙尘暴肆虐，仅5日这一天就有数百人因咽喉、眼睛不适就医，哮喘患者尤其遭罪。

伊拉克遭受沙尘暴袭击

在首都巴格达，这场持续整整一星期的沙尘暴为当地居民记忆中最糟糕的沙尘天气。5日，街上行人稀少，只见车流，交通警察全都戴着口罩。

伊拉克遭受沙尘暴袭击

　　巴格达各大医院满是因沙尘天气感到不适的病人。伊拉克卫生部官员拉蒂夫说："我们现在严防事态恶化。这是我们所遇到最严重的一次沙尘暴。医院急诊病房出现大批患者，让我们的资源受到挑战。"

　　在伊本·纳菲斯医院，5 日这一天就有至少 300 人因呼吸问题前来就诊。带着孩子来看病的阿里说："沙尘天气持续已经一星期，如果连大人都受不了，小孩怎么办？"

　　伊拉克长年受到沙尘暴困扰，但往年，沙尘不会无休无止刮上一星期。最近几年连续不断的旱情让今年的沙尘暴格外凶猛。沙尘天气除了让市民难受外，还影响伊克不少重要活动。政府原定 6 月 29 日举办 2003 年伊战以来首次大型能源招标，但因天气原因推迟一天。来访的美国副总统约瑟夫·拜登也因天气原因取消了一些行程。

中 国 沙 漠

　　中国是沙漠比较多的国家之一，沙漠的总面积约 130 万平方千米，约占全国土地面积的 13%。其中比较大的沙漠有 12 处。

塔克拉玛干沙漠

塔克拉玛干沙漠

面积为 33.76 万平方千米，是我国第一大沙漠，也是世界第二大流动沙漠，仅次于阿拉伯半岛的鲁卜哈利沙漠（65 万平方千米）。它分布在新疆塔里木盆地中，沙丘最高达 200 米。有人说"塔克拉玛干"是维吾尔语，其意是死亡之海。这种说法是错误的，"死亡之海"是瑞典人斯文·赫定提出来的，不是维吾尔语。"塔克拉玛干"是波斯语，是"就连无叶小树也不能生长"的意思。在干旱区由于自然选择的结果，树叶很小，甚至不

长叶子。"就连无叶小树也不能生长"，是指气候特别干燥。这里年均降水量只有 25 ～ 50 毫米，有的地方只有 10 毫米，植物非常稀少，属于生命的禁区。

古尔班通古特沙漠

面积为 4.88 万平方千米，在新疆准格尔盆地中。"古尔班通古特"是蒙语，"古尔班"表示 3 个的意思；"通古特"义不详。原以固定半固定沙丘为主，自 1958 年开始出现流动沙丘。

古尔班通古特沙漠

巴丹吉林沙漠

原来面积为 4.43 万平方千米，在内蒙古西部阿拉善高原。"巴丹吉林"旧作"巴丹扎兰格"，为蒙语，其义不详。巴丹吉林沙漠几乎全是流动沙丘，一般高 200～300 米，最高近 500 米，是我国最高大的流动沙丘。巴丹吉林沙漠很早即见于记载，《山海经》称之为流沙。但近几年，巴丹吉林沙漠面积不断扩大，已经超过了 4.9 万平方千米，比古尔班通古特沙漠面积还要大。

巴丹吉林沙漠

腾格里沙漠

面积为 4.27 万平方千米，在阿拉善高原东南部。"腾格里"为蒙语，义为天。当地蒙古牧民认为，巴丹吉林沙漠是母亲，腾格里沙漠是儿子，巴丹吉林沙漠从天上飞到东南，形成了腾格里沙漠。这个说法是不正确的。腾格里沙漠以流动沙丘为主，是我国流动速度最快的沙漠。

腾格里沙漠

柴达木沙漠

面积为 3.49 万平方千米，在青海柴达木盆地中，以流动沙丘为主。其分布比较零散，多与戈壁相间，多新月形沙丘，高 5~10 米，少数高 20~50 米。

柴达木沙漠

库姆塔格沙漠

面积为 2.28 万平方千米。在新疆东部、甘肃西部、罗布泊以南，阿尔金山以北。"库姆塔格"为维语，"库姆"为沙漠，"塔格"为山。"库姆塔格"

库姆塔格沙漠

即为沙山。多流动沙丘，快速向西南移动，有与塔克拉玛干沙漠会合的趋势。

乌兰布和沙漠

面积为 0.99 万平方千米，在阿拉善高原东北部巴彦淖尔盟。在蒙古语中，"乌兰布和"为红色的公牛，用以表示沙漠的破坏力特别强大。以流动沙丘为主，高 10～30 米，最高部高 50～100 米。

乌兰布和沙漠

库布齐沙漠

面积为 1.61 万平方千米，在鄂尔多斯北部，临近黄河。以流动沙丘为

库布齐沙漠

主，高 10～15 米，少数高达 50～100 米。

毛乌素沙地

面积为 3.21 万平方千米，在鄂尔多斯南部。以固定半固定沙丘为主，多新月型沙丘，高 5～10 米，个别高 10～20 米。

毛乌素沙地

浑善达克沙地

面积为 2.14 万平方千米，在内蒙古锡林郭勒草原南部。清代称伊哈雅

浑善达克沙地

鲁沙地，是指大榆树。以固定半固定沙丘为主，其南部多伦县流沙移动较快，故又称小腾格里沙地。

科尔沁沙地

面积为 4.23 万平方千米，在西辽河流域。以固定半固定沙丘为主，高10~20 米，最高达 50 米。库仑旗流动沙丘特别高大，蒙族称作"塔敏查干"，意为魔鬼居住的地方。

科尔沁沙地

呼伦贝尔沙地

面积 0.72 万平方千米，在呼伦贝尔西南部。多固定半固定沙丘，高5~15 米，以满洲里至海拉尔铁路沿线最为典型。由于人们过度放牧，使得呼伦贝尔陈巴尔虎旗草原开始退化，从而形成中国的第四个沙地。

上述 12 处沙漠，有的称沙漠，有的称沙地，其区别何在？科学界将干旱区的流沙堆积称沙漠，半干旱区的流沙堆积称沙地。因此，从沙漠、沙地的分布上，可以看出干旱、半干旱区的分界。

根据统计，中国沙漠总面积为 260 万平方千米，为可耕地面积的 2.5倍。统计显示，中国 1/4 以上的面积被归类成沙漠，对 4 亿多人口，即总人口的 30% 有不利的影响。

呼伦贝尔沙地

世界十大最迷人的沙漠

　　沙漠，在人们的心目中，似乎就是"单调"、"寂寞"的代名词。寸草不生的沙漠地带总是让人联想到死亡。然而，大漠的风景有时候也让人叹为观止，也会让久居钢筋混凝土铸就的都市丛林中的人们心驰神往。下面就让我们看看世界上最迷人的十大沙漠究竟是哪些吧。

中国新疆塔克拉玛干沙漠：被白雪覆盖的沙漠

　　塔克拉玛干沙漠是世界上面积第十五大的沙漠，也是中国境内最大的沙漠。它覆盖了塔里木盆地总

中国新疆塔克拉玛干沙漠

面积 337600 平方千米，整个沙漠东西长约 1000 千米，南北宽约 400 千米。它的北部和南部边界地区被当年的丝绸之路的两条路线所穿过，古时候的人们曾尝试绕过这片不毛之地。

2008 年，塔克拉玛干沙漠曾连续 11 天遭遇罕见的大雪，这是其有记载以来的最大幅度的降雪和低温天气。沙漠地区降雪是比较罕见的，因此白雪皑皑的塔克拉玛干沙漠也成就了一幅壮丽的雪地沙漠美景。

巴西拉克依斯马拉赫塞斯沙漠：沙丘伴着盐湖

听起来让人难以置信：在一个拥有世界上 30% 淡水资源和最大雨林的国家，我们竟然可以找到一处沙漠。

拉克依斯马拉赫塞斯沙漠位于巴西马拉尼奥州境内，这里也是巴西的北部海滨地区。1981 年巴西政府在这里建立了国家公园，占地约 300 平方千米（155 万公顷）。拉克依斯马拉赫塞斯是由众多白色的沙丘和深蓝色的咸水湖共同组成，其美丽的景色是世界上独一无二的。

每年的 7 ~ 9 月大量的降雨将会在这片沙漠中营造出数以千计的大大小小的池塘。这些池塘小的好似水塘，大的就像湖泊。白色的沙，蓝色的水，让你不知道是身处沙漠中，还是海滩边。去那里游泳的话，相信没有人会和你抢游泳池，因为漫山遍野都是游泳池。

巴西拉克依斯马拉赫塞斯沙漠

133

玻利维亚乌尤尼沙漠：世界上最大的盐湖沙漠

乌尤尼沙漠是玻利维亚的代表性风景区，位于玻利维亚西南部的高原地区，东西长 250 千米，南北最宽处 150 千米，总面积 1.2 万平方千米，是世界上最大的盐湖。

乌尤尼无愧于"世界第一大盐湖"的称号，据说，这里的盐层很多地方都超过 10 米厚，总储量约 650 亿吨，够全世界人吃几千年。当地人更是近水楼台，吃盐自然不用花钱。不过到这里玩条件相当艰苦：高度海拔 3700 米，1 万多平方千米的湖区内无人居住，里面光秃秃一片，几乎找不到辨别方向的参照物。湖水还可以像镜子一样反射太阳光，很多湖泊的水体由于湖底沉积的各种矿物质而呈现出奇特的颜色。

玻利维亚乌尤尼沙漠

埃及法拉夫拉沙漠：白色沙漠

埃及法拉夫拉沙漠最奇特之处就在于它是一处白色沙漠，它位于埃及法拉夫拉以北约 45 千米处。沙漠呈现出像奶油一样的白色，和世界上其他地区的黄色沙漠形成了鲜明的对比。

智利阿塔卡马沙漠：最干旱的沙漠

阿塔卡马沙漠占据了智利南纬 18°～28°之间的大面积领土，南北长约 1100 千米，绝大部分在安托

埃及法拉夫拉沙漠

法加斯塔和阿塔卡马两省境内。在《吉尼斯世界纪录大全》中，阿塔卡马是世界上最干旱的沙漠。

智利阿塔卡马沙漠

难以想象一次干旱竟延续了 400 年之久，但这的确曾发生在智利阿塔卡马沙漠的部分地区。这些地区自 16 世纪末以来，于 1971 年首次下了雨。位于阿塔卡马沙漠北端的阿里卡从来不下雨。它已成为一个闻名的度假地，靠引安第斯山脉的管道水来供水。

纳米比亚的纳米比沙漠：
有大象的沙漠

纳米比沙漠位于非洲的南部，它没有北边的撒哈拉沙漠面积大，但是却更加令人印象深刻。

已变成化石的远古树木屹立在纳米比沙漠的死亡谷中，它们背后是红色的沙丘。纳米比亚这个国家正是因纳米比沙漠而得名。纳米比沙漠位于南非的西海岸线上，即众所周知的骷髅海岸，这条荒凉的海

纳米比亚的纳米比沙漠

岸线上到处都是失事船只。纳米比沙漠被认为是世界上最古老的沙漠，它还拥有全球最高的沙丘，其中一些竟然高达300米，这些沙丘环绕在索苏维来周围。

另外，如果够幸运的话，你能看到纳米比沙漠中的大象，它也是世界上唯一一处能够看到大象的沙漠。

作为世界上最古老的沙漠，纳米比沙漠地区有很多动物和植物的化石。多少年来，纳米比沙漠像磁石一样吸引着地质学家们，然而直到今天，人们对它依然知之甚少。

澳大利亚辛普森沙漠：红色的沙漠

澳大利亚辛普森沙漠因其鲜艳的红色闻名于世。这里由于铁质物质的长期风化，使沙石裹上了一层氧化铁的外衣，于是，一望无垠的沙漠便成了一团火，在阳光照耀下显得壮丽异常。

澳大利亚辛普森沙漠

埃及黑色沙漠

埃及黑色沙漠：沙漠中的黑色石头

埃及的黑色沙漠就位于法拉夫拉白色沙漠东北 100 千米远的地方，它所在的地区是火山喷发所形成的山地，那里到处都是黑色的小石头。不过这些石头的颜色并没有人们想象的那样黑，呈棕橙色。

南极洲：世界上最干燥却也是最潮湿的"沙漠"

南极洲有着世界上最极端的气候，长久以来，这片大陆一直无人定居，因为那里实在太冷了。1983 年，科学家记录下了那里的极端低温：华氏零下 129 度（约合 −89℃）。南极洲是世界上最干燥的地方，同时也是最"湿润"的，说它湿润并不是因为其降雨量大，而是因为它 98% 的面积都被冰雪覆盖。南极洲每年的降雨量不足 5 厘米，因此它也可以称得上是"沙漠"。

137

南极洲

撒哈拉沙漠：世界上最大的沙漠

撒哈拉沙漠是世界上最大的沙漠，几乎占满非洲北部全部。东西约长4800 千米，南北在 1300～1900 千米之间，总面积约 900 万平方千米，大约有 400 万人口生活在这里。撒哈拉沙漠西濒大西洋，北临阿特拉斯山脉和地中海，东为红海，南为萨赫勒一个半沙漠、半草原的过渡区。

撒哈拉沙漠

撒哈拉沙漠覆盖了毛里塔尼亚、西撒哈拉、阿尔及利亚、利比亚、埃及、苏丹、乍得、尼日尔和马里等国领土，紧挨摩洛哥和突尼斯。

撒哈拉沙漠非常干燥，但是它的大部分地区每年都会定期下雨，只不过降雨量只有十几毫米罢了。

世界防治荒漠化及干旱日

每年的 6 月 17 日为"世界防治荒漠化和干旱日"（World Day to combat desertification）。

来　历

1977 年联合国荒漠化会议正式提出了土地荒漠化这个世界上最严重的环境问题。1992 年 6 月，包括中国总理李鹏在内的 100 多个国家元首和政府首脑与会、170 多个国家派代表参加的巴西里约环境与发展大会上，荒漠化被列为国际社会优先采取行动的领域。之后，联合国通过了 47/188 号决议，成立了《联合国关于在发生严重干旱和/或荒漠化的国家特别是在非洲防治荒漠化的公约》政府间谈判委员会。公约谈判从 1993 年 5 月开始，历经 5 次谈判，于 1994 年 6 月 17 日完成。"6·17"即为国际社会对防治荒漠化公约达成共识的日子。在 1994 年 10 月 14～15 日于巴黎举行的公约签字仪式上，林业部副部长祝光耀代表我国政府签署了公约。

为了有效地提高世界各地公众对执行与自己和后代密切相关的"防治荒漠化公约"重要性的认识，加强国际联合防治荒漠化行动，迎合国际社会对执行公约及其附件的强烈愿望，以及纪念国际社会达成防治荒漠化公约共识的日子，1994 年 12 月 19 日第 49 届联合国大会根据联大第二委员会（经济和财政）的建议，通过了 49/115 号决议，决定从 1995 年起把每年的 6 月 17 日定为"世界防治荒漠化和干旱日"，旨在进一步提高世界各国人民对防治荒漠化重要性的认识，唤起人们防治荒漠化的责任心和紧迫感。

确立背景

按联合国多次关于"荒漠化"定义的讨论，特别是1992年联合国环境与发展大会所提出的定义是："荒漠化是由于气候变化和人类不合理的经济活动等因素使干旱、半干旱和具有干旱灾害的半湿润地区的土地发生了退化。"

这个"荒漠化"定义已得到联合国多次荒漠化国际公约政府间谈判会议的确认，重申在国际公约中采取这一定义，并将这个定义列入《21世纪议程》的第12章中，还进一步补充了定义释文中出现的"土地退化"含义："由于一种或多种营力结合以及不合理土地利用，导致旱农地、灌溉农地、牧场和林地生物或经济生产力和复杂性下降及丧失，其中包括人类活动和居住方式所造成的土地生产力下降，例如土地的风蚀、水蚀，土壤的物理化学和生物特性的退化和自然植被的长期丧失。"

20世纪60年代末～70年代初，西部非洲特大干旱加快了这一地区的土壤荒漠化进程。1968～1974年的干旱期曾造成非洲撒哈拉地区（布基纳法索、尼日尔和塞内加尔）的特大干旱，夺走了20万人和数百万头牲口的生命。这场旱灾持续时间之长、破坏之大，令世界震惊。它产生的长期经济、社会、政治、环境的影响，引起了人们对荒漠化问题的极大关注。为此，联合国在1975年以3337号决议提出"与荒漠化进行斗争"的口号，并于1977年8月29日～9月9日在肯尼亚首都内罗毕召开荒漠化问题会议，产生了一项全球共同行动的综合的和协调一致的方案，制定了防治荒漠化的行动计划，数十亿美元投入了治沙行动，各种抗旱防荒漠化的行动计划随之产生。

然而，自那时以来，全球荒漠化问题不但没有缓和，反而变本加厉，更加严重了。全球荒漠化面积已达到3600万平方千米，占到整个地球陆地面积的1/4，相当于世界上最大的国家俄罗斯、加拿大、中国和美国国土面积的总和。全世界受荒漠化影响的国家有100多个，约9亿人。

　　荒漠化在全球范围内呈扩大的加剧的趋势。尽管各国人民都在进行着同荒漠化的抗争，但荒漠化却以5~7平方千米/年的速度扩大，相当于爱尔兰的面积。到20世纪末，全球已损失1/3可耕地。

　　在人类当今面临的诸多生态和环境问题中，荒漠化是最为严重的灾难。对于受荒漠化威胁的人来说，荒漠化意味着他们将失去最基本的生存基础。在撒哈拉干旱荒漠区的21个国家中，20世纪80年代干旱高峰期有3500多万人受到影响，1000多万人背井离乡成为"生态难民"。荒漠化已经不再是一个单纯的生态问题，而且演变成经济和社会问题。荒漠化给人类带来贫困和社会动荡。

　　为了更好地协同国际间的防治荒漠化的行动，联合国环境规划署继内罗毕会议之后，于1978年成立了防荒漠化行动中心，旨在帮助有关国家制定防荒漠化计划，评估全球范围的荒漠化状况，开展专业培训。在1992年联合国召开环境与发展国际会议的筹备阶段，荒漠化问题重新被提到议事日程上来。在这期间，以非洲国家为代表的发展中国家认为，与工业化国家关心的森林公约相比，荒漠化问题受到了冷落。经过努力，各方终于达成共识，认为应该制定一项荒漠化国际公约。

　　面对日益加剧的荒漠化进程，1992年6月1~12日在巴西首都里约热内卢召开的有100多个国家元首或政府首脑参加的联合国环境与发展大会上，将防治荒漠化列为国际社会优先采取行动的领域。联合国环发大会以后，联合国通过一项新的决议，就防治荒漠化公约进行全球谈判。先后在内罗毕、日内瓦、纽约、巴黎共召开过5次会议。第4次会议于1994年6月6~18日在法国巴黎召开，6月17日通过了《联合国关于在发生严重干旱和/或荒漠化的国家特别是在非洲防治荒漠化的公约》。1994年10月，112个国家的代表会聚巴黎，举行了公约签字仪式。同年12月，联合国大会通过49/115号决议，确定公约通过的日子——6月17日为"世界防治荒漠化和干旱日"。这个世界日意味着人类共同行动同荒漠化抗争从此揭开了新的篇章，为防治土地荒漠化，全世界正迈出共同步伐。

世界环境日

1972 年 6 月 5 日在瑞典首都斯德哥尔摩召开了联合国人类环境会议，会议通过了《人类环境宣言》，并提出将每年的 6 月 5 日定为"世界环境日"。同年 10 月，第 27 届联合国大会通过决议接受了该建议。世界环境日的确立，反映了世界各国人民对环境问题的认识和态度，表达了我们人类对美好环境的向往和追求。

世界环境日，是联合国促进全球环境意识、提高政府对环境问题的注意并采取行动的主要媒介之一。

联合国系统和各国政府每年都在 6 月 5 日这一天开展各项活动来宣传与强调保护和改善人类环境的重要性。

联合国环境规划署每年 6 月 5 日选择一个成员国举行"世界环境日"纪念活动，发表《环境现状的年度报告书》及表彰"全球 500 佳"，并根据当年的世界主要环境问题及环境热点，有针对性地制定每年的"世界环境日"主题。

世界环境日的意义在于提醒全世界注意地球状况和人类活动对环境的危害。要求联合国系统和各国政府在这一天开展各种活动来强调保护和改善人类环境的重要性。

联合国环境规划署在每年的年初公布当年的世界环境日主题，并在每年的世界环境日发表环境状况的年度报告书。中国国家环保总局在这期间发布中国环境状况公报。

世界环境日的由来

1972 年 6 月 5 ~ 16 日，联合国在瑞典首都斯德哥尔摩召开了人类环境会议。这是人类历史上第一次在全世界范围内研究保护人类环境的会议。出席会议的国家有 113 个，共 1300 多名代表。除了政府代表团外，还有民间的科学家、学者参加。会议讨论了当代世界的环境问题，制定了对策和措施。会前，联合国人类环境会议秘书长莫里斯·夫·斯特

联合国环境署徽标

朗委托 58 个国家的 152 位科学界和知识界的知名人士组成了一个大型委员会，由雷内·杜博斯博士任专家顾问小组的组长，为大会起草了一份非正式报告——《只有一个地球》。这次会议提出了响遍世界的环境保护口号："只有一个地球！"会议经过 12 天的讨论交流后，形成并公布了著名的《联合国人类环境会议宣言》（Declaration of the United Nations Conference on the Human Environment，简称《人类环境宣言》）和具有 109 条建议的保护全球环境的"行动计划"，呼吁各国政府和人民为维护和改善人类环境，造福全体人民，造福子孙后代而共同努力。

《人类环境宣言》提出 7 个共同观点和 26 项共同原则，引导和鼓励全世界人民保护和改善人类环境。《人类环境宣言》规定了人类对环境的权利和义务，呼吁"为了这一代和将来的世世代代而保护和改善环境，已经成为人类一个紧迫的目标"，"这个目标将同争取和平和全世界的经济与社会发展这两个既定的基本目标共同和协调地实现"，"各国政府和人民为维护和改善人类环境，造福全体人民和后代而努力"。会议提出建议将这次大会

的开幕日这一天作为"世界环境日"。

1972年10月，第27届联合国大会通过了联合国人类环境会议的建议，规定每年的6月5日为"世界环境日"，让世界各国人民永远纪念它。联合国系统和各国政府要在每年的这一天开展各种活动，提醒全世界注意全球环境状况和人类活动对环境的危害，强调保护和改善人类环境的重要性。

许多国家、团体和人民群众在"世界环境日"这一天开展各种活动来宣传强调保护和改善人类环境的重要性，同时联合国环境规划署发表世界环境状况年度报告书，并采取实际步骤协调人类和环境的关系。世界环境日，象征着全世界人类环境向更美好的阶段发展，标志着世界各国政府积极为保护人类生存环境作出的贡献。它正确地反映了世界各国人民对环境问题的认识和态度。1973年1月，联合国大会根据人类环境会议的决议，成立了联合国环境规划署（UNEP），设立环境规划理事会（GCEP）和环境基金。环境规划署是常设机构，负责处理联合国在环境方面的日常事务，并作为国际环境活动中心，促进和协调联合国内外的环境保护工作。

世界环境日主题

历年联合国环境规划署确定的世界环境日主题：

1974年：只有一个地球（Only One Earth）

1975年：人类居住（Human Settlements）

1976年：水，生命的重要源泉（Water：Vital Resource for Life）

1977年：关注臭氧层破坏、水土流失、土壤退化和滥伐森林（Ozone Layer Environmental Concern；Lands Loss and Soil Degradation；Firewood）

1978年：没有破坏的发展（Development Without Destruction）

1979年：为了儿童的未来——没有破坏的发展（Only One Future for Our Children：Development Without Destruction）

1980 年：新的十年，新的挑战——没有破坏的发展（A New Challenge for the New Decade：Development Without Destruction）

1981 年：保护地下水和人类食物链，防治有毒化学品污染（Ground Water；Toxic Chemicals in Human Food Chains and Environmental Economics）

1982 年：纪念斯德哥尔摩人类环境会议十周年——提高环保境识（Ten Years After Stockholm［Renewal of Environmental Concerns］）

1983 年：管理和处置有害废弃物，防治酸雨破坏和提高能源利用率（Managing and Disposing Hazardous Waste：Acid Rain and Energy）

1984 年：沙漠化（Desertification）

1985 年：青年：人口和环境（Youth：Population and the Environment）

1986 年：环境与和平（A Tree for Peace）

1987 年：环境与居住（Environment and Shelter：More Than A Roof）

1988 年：保护环境、持续发展、公众参与（When People Put the Environment First，Development Will Last）

1989 年：警惕全球变暖（Global Warming；Global Warning）

1990 年：儿童与环境（Children and the Environment）

1991 年：气候变化——需要全球合作（Climate Change：Need for Global Partnership）

1992 年：只有一个地球——关心与共享（Only One Earth：Care and Share）

1993 年：贫穷与环境——摆脱恶性循环（Poverty and the Environment：Breaking the Vicious Circle）

1994 年：一个地球一个家庭（One Earth One Family）

1995 年：各国人民联合起来，创造更加美好的世界（We the Peoples：United for the Global Environment）

1996 年：我们的地球、居住地、家园（Our Earth，Our Habitat，Our Home）

1997 年：为了地球上的生命（For Life on Earth）

1998 年：为了地球的生命，拯救我们的海洋（For Life on Earth – Save

Our Seas）

1999 年：拯救地球就是拯救未来（Our Earth – Our Future – Just Save It!）

2000 年：环境千年，行动起来（The Environment Millennium – Time to Act）

2001 年：世间万物，生命之网（Connect with the World Wide Web of life）

2002 年：让地球充满生机（Give Earth a Chance）

2003 年：水——二十亿人生于它！二十亿人生命之所系！（Water – Two Billion People are Dying for It!）

2004 年：海洋存亡，匹夫有责（Wanted! Seas and Oceans-Dead or Alive?）

2005 年：营造绿色城市，呵护地球家园（Green Cities-Plan for the Planet）

中国主题：人人参与　创建绿色家园

2006 年：莫使旱地变为沙漠（Deserts and Desertification-Don't Desert Drylands!）

中国主题：生态安全与环境友好型社会

2007 年：冰川消融，后果堪忧（Melting Ice——A Hot Topic?）

中国主题：污染减排与环境友好型社会

2008 年：促进低碳经济（Kick the Habit! Towards a Low Carbon Economy）

中国主题：绿色奥运与环境友好型社会

2009 年：地球需要你：团结起来应对气候变化（Your Planet Needs You – Unite to Combat Climate Change）

中国主题：减少污染——行动起来

历届主办世界环境日城市和国家

1987 年：内罗毕，肯尼亚

1988 年：曼谷，泰国

1989 年：布鲁塞尔，比利时

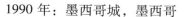

1990 年：墨西哥城，墨西哥

1991 年：斯德哥尔摩，瑞典

1992 年：里约热内卢，巴西

1993 年：北京，中国

1994 年：伦敦，英国

1995 年：比勒陀利亚，南非

1996 年：伊斯坦布尔，土耳其

1997 年：汉城，韩国

1998 年：莫斯科，俄罗斯

1999 年：东京，日本

2000 年：阿德莱德，澳大利亚

2001 年：都灵，意大利以及哈瓦那，古巴

2002 年：深圳，中国

2003 年：贝鲁特，黎巴嫩

2004 年：巴塞罗那，西班牙

2005 年：旧金山，美国

2006 年：阿尔及尔，阿尔及利亚

2007 年：特罗瑟姆，挪威

2008 年：惠灵顿，新西兰

2009 年：墨西哥城，墨西哥

147

"冰川消融，后果堪忧"

6 月 5 日是世界环境日。联合国环境规划署将 2007 年世界环境日的主题确定为"冰川消融，后果堪忧"。

随着人类活动的加剧，大量温室气体排放造成地球气温不断增高。根据联合国环境规划署提供的资料，从 18 世纪中叶工业革命至今，全球平均气温增高了 0.75℃。

全球气候变暖，导致了冰川融化、冰盖缩小、冰架断裂。德国研究人员曾指出，目前全世界还有约 16 万处冰川，而它们正快速消融。比如，欧洲阿尔卑斯山的冰川面积比 19 世纪中叶缩小了 1/3，体积减少了 1/2；非洲最高山乞力马扎罗山的冰川，从 1912 年至今，其山顶的冰冠缩小了 80%。冰川的消融使上述地区的永冻土层丧失了"黏合剂"的功能，致使山崩和泥石流频发。

另外，气象观测发现，过去几十年，北极永久海冰在减少，冰川和冻土在融化。欧洲航天局专家根据卫星图片分析后发现，2006 年夏季，欧洲北部至北冰洋区域 5%～10% 的永冻冰开始松动融化。此外，南极在过去十几年里也有三大部分的冰架坍塌，而缺乏冰架支撑的冰川活动显著加速，冰层也随之变薄。

冰川融化导致海平面升高，较低地势的海岛及海洋沿岸城市就会面临被淹没的危险。联合国政府间气候变化专门委员会曾发布气候评估报告指出，如果全球平均气温的升高按目前状况持续千年的话，会最终导致格陵兰冰盖的完全融化，进而导致海平面升高约 7 米。更可怕的是，如果南极冰盖全部融化，全球海平面将升高 60 米，给地球造成的灾难将是毁灭性的。

地球变暖是造成冰川消融的重要因素，世界各国有共同的义务减少温室气体排放，但发达国家应发挥更大的作用，率先承诺减排义务，帮助发展中国家应对气候变化能力，从根本上扭转地球变暖的趋势，保护人类的共同家园。

为呼应这一主题，结合我国环境保护的中心任务和重点工作，展示中国政府和人民减少污染物排放、建设环境友好型社会的决心和行动，中国政府在经济社会"十一五"发展规划中提出要实现主要污染物排放总量减少 10% 的目标，并将这一约束性指标层层分解、落实到各级政府各相关行业。当前，各级政府高度重视，工作力度明显加大，约束性指标的导向作用开始显现。推动污染减排、建设环境友好型社会是全社会共同的责任，不仅需要各级政府和有关部门加大工作力度，而且需要取得最广大人民群众的积极支持，动员最广泛社会力量踊跃参与。将"污染减排与环境友好型社会"确定为 2007 年世界环境日中国主题，旨在加大宣传力度，鼓励公众参与，充分发挥社会各界的积极性、主动性和创造性，使减少污染物排放、与环境友好相处成为每个单位、每个企业、每个社会成员的自觉行动。

拿什么拯救你，我的地球

2006 年 1 月 12 日，葡萄牙首都里斯本东北 407 千米以外的山谷中伫立着一排风力发电机。风能是可再生、无污染的清洁能源，目前世界上很多国家已经将其作为一种成熟的清洁能源进行商业化开发，被人们誉为"绿色电力"。

2007 年 2 月 14 日，在菲律宾的普林塞萨港，刚刚参加完集体婚礼的新人从他们种植在沙滩上的树苗旁走过。当天是情人节，一个由 100 对新人参加的环保集体婚礼在这里举行。新人们在沙滩上种植了红树。

2007 年 2 月 27 日，澳大利亚悉尼的电器推销员戴夫·埃雷特手举一只旧式白炽灯泡和一只新型节能灯泡。由于新型节能灯可以节约更多资源，政府提倡用它取代旧式白炽灯泡。

2007 年 3 月 31 日晚，澳大利亚的悉尼歌剧院熄灭主体灯光。当晚 19 时 30 分开始，悉尼市数万户商家和居民集体断电 1 小时，以引起人们对温室气体排放导致全球变暖的关注。

2007 年 5 月 30 日，志愿者打造的新"诺亚方舟"伫立在土耳其亚拉腊山上。它引起人们的深思：如果我们继续破坏地球，当最终的灾难到来，还有谁能将人类拯救？

环境恶化、气候突变、冰川消融、海面上升……这些并不只是少数人才应该担忧的问题，地球家园与我们每一个人息息相关。在环境问题日益严峻的今天，我们是否应该静下心来想一想，我们还能做些什么以拯救地球和我们自身？

149

世界环境日历年创意活动

2009 年

悉尼"穿戴蓝色"活动——2009 年 6 月 5 日，在澳大利亚悉尼，人们手持充气的地球模型参加名为"穿戴蓝色"的世界环境日纪念活动。当天是第 38 个世界环境日，主题为"地球需要你：团结起来应对气候变化"。

墨西哥北极熊的节日——2009 年 6 月 4 日，在墨西哥金塔纳罗奥州海滨城市坎昆，绿色和平组织环保主义者扮成北极熊的模样游行，呼吁国际社会采取措施应对全球气候变化。

尚德高海拔阳光行动——世界环境日，在青海考察的尚德董事长施正荣特意致电珠穆朗玛峰山麓西藏巴松完小扎西校长，关心该校师生的工作、学习和住宿情况。扎西校长向施正荣博士反映，三年前尚德赞助的 2.5 千瓦的光伏电站为学校师生带来了光明，原有办公室、教室和寝室等总共 31 间，现在将扩建到 59 间，白天要保证计算机课的 6 台电脑供电，晚上要保证 300 多名师生学习、生活用电，学校扩容将出现较大的电力短缺，现在晚上还需要 1 台柴油发电机供电。施正荣博士表示，尚德将继续支援高海拔地区绿色电力，不日将送阳光上西藏。施正荣董事长还在同一天致电世界最高海拔中学定日中学校长次平，表示继续支持高海拔地区孩子们良好的成长环境，在该校长期设立"尚德绿色奖学金"。3 年前的世界环境日，尚德为世界高海拔地区赠送光伏产品，赞助世界最高海拔小学巴松完小、世界最高海拔中学定日中学、世界最高海拔村庄"堆村"，为高海拔地区带来绿色光明，也带来了中国光伏产业的高海拔影响力。

美的"美的一天"活动——由中华环保联合会发起主办、21CN 承办、美的环境电器支持的"美的一天"大型环保公益活动正式启动。该项环保活动号召在 6 月 5 日"世界环境日"当天，"少开一天空调，多用一天风扇",度过"美的一天"。并倡导在整个夏季期间,每星期五关闭空调使用风扇,或者将空调温度调整到 26 度以上。"美的一天"活动网络平台(www. 21CN. com/weekly/wonderful – day)也正式上线,可以通过此网络平台参与"绿色使者"评选,最终的"绿色使者人气王"将获得 4999 元的现金大奖,每周网络人气最高的前 50 名可获得美的电风扇一台。

PPR 集团《家园》纪录片——作为营销的一大主题,环保如今在奢侈品行业十分热门。YSL 所属的 PPR 集团今年特别为世界环境日投拍了一部名叫《家园》的纪录片。整部影片完全在空中拍摄,著名航空摄影家 Yann Arthus – Bertrand 带领观众环绕地球,见识各式各样的美丽地形——沿着蜿蜒的水流和公路,观众能看见地球的全貌,并了解到这个星球上的居民是如何肆意对待自己的家园。该片在 6 月上映,与此同时,Yves Saint-Laurent 也会配合推出特别产品,并免费向顾客发送该片的 DVD 光盘。

2008 年

印度沙雕艺术家"北极熊"——6 月 3 日,在印度东部奥里萨邦的布里海滩,印度沙雕艺术家帕特奈克为他的沙雕做最后的修饰。该沙雕以一只皮鞋踩在北极熊身上为造型,寓意皮革工业会破坏环境。帕特奈克是为迎接 6 月 5 日世界环境日而进行此项创作的。

2007 年

墨西哥市长骑自行车——4 月 2 日,为在墨西哥城推广使用自行车,墨西哥首都墨西哥城市长马塞洛·埃夫拉德带头骑自行车上班。汽车的普遍使用是导致温室气体大量排放的重要原因。此举也是为了迎接世界环境日的到来。

戴口罩的民族英雄——6 月 5 日世界环境日,环保主义者竟给阿尔巴尼亚民族英雄雕像戴上了口罩。

2006 年

金枪鱼全都哪里去了——6 月 15 日,在西班牙巴利阿里群岛附近海域,两名绿色和平组织成员手举写有"金枪鱼全都哪儿去了"的条幅潜入水下，以呼吁人们关注并保护日渐稀少的金枪鱼。

布鲁塞尔科普游园——6 月 4 日，在比利时首都布鲁塞尔，为迎接 6 月 5 日"世界环境日"的到来，布鲁塞尔市政府在五十年宫公园内举行大型科普游园活动，利用制作鸟巢、观察动植物生长、感受太阳能和风能等各种活动，鼓励孩子们感受自然，增长科普知识，增强环保意识。

2005 年

巨大的水龙头——6 月 5 日，在巴西里约热内卢的巨型耶稣雕像前，世界自然保护基金会成员竖起一个巨型水龙头模型，以纪念第 34 个世界环境日。当年世界环境日的主题是"营造绿色城市，呵护地球家园"。

伦敦新能源展——6 月 5 日，在英国首都伦敦，一些倡导绿色生活的组织和个人在伦敦市格林尼治公园摆出太阳能电池等绿色生活的元素，引导人们认识新能源并呼吁共创绿色家园。

联 合 国 环 境 规 划 署

联合国环境规划署（UNEP）1972 年成立，总部设在肯尼亚首都内罗毕。根据 1997 年 2 月召开的联合国环境规划署 19 届理事会通过的《关于联合国环境规划署的作用和任务的内罗毕宣言》，联合国环境规划署的主要任务是：

（1）利用现有最佳科技能力来分析全球环境状况并评价全球和区域环境趋势，提供政策咨询，并就各类环境威胁提供早期预警，促进和推动国际合作和行动；

（2）促进和制定旨在实现可持续发展的国际环境法，其中包括在现有的各项国际公约之间建立协调一致的联系；

（3）促进采用商定的行动以应付新出现的环境挑战；

（4）利用环境署的相对优势和科技专长，加强在联合国系统中有关环境领域活动的协调作为，并加强其作为全球环境基金执行机构的作用；

（5）促进人们提高环境意识，为参与执行国际环境议程的各阶层行动者之间进行有效合作提供便利，并在国家和国际科学界决策者之间担当有效的联络人；

（6）在环境体制建设的重要领域中为各国政府和其他有关机构提供政策和咨询服务。

联合国环境规划署理事会的成员由联合国大会选出的 58 个国家组成，任期 3 年。其中，非洲 16 席，亚洲 13 席，东欧 6 席，拉美和加勒比地区 10 席，西欧和其他国家 13 席。联合国环境规划署成立以来，中国一直是其理事会成员。

中华人民共和国环境保护法

（1989 年 12 月 26 日第七届全国人民代表大会常务委员会第十一次会议通过；1989 年 12 月 26 日中华人民共和国主席令第二十二号公布，自公布之日起施行）

目　录

第一章　总　则

第一条　为保护和改善生活环境与生态环境，防治污染和其他公害，保障人体健康，促进社会主义现代化建设的发展，制定本法。

第二条　本法所称环境，是指影响人类生存和发展的各种天然的和经过人工改造的自然因素的总体，包括大气、水、海洋、土地、矿藏、森林、草原、野生生物、自然遗迹、人文遗迹、自然保护区、风景名胜区、城市和乡村等。

第三条　本法适用于中华人民共和国领域和中华人民共和国管辖的其

他海域。

第四条　国家制定的环境保护规划必须纳入国民经济和社会发展计划，国家采取有利于环境保护的经济、技术政策和措施，使环境保护工作同经济建设和社会发展相协调。

第五条　国家鼓励环境保护科学教育事业的发展，加强环境保护科学技术的研究和开发，提高环境保护科学技术水平，普及环境保护的科学知识。

第六条　一切单位和个人都有保护环境的义务，并有权对污染和破坏环境的单位和个人进行检举和控告。

第七条　国务院环境保护行政主管部门，对全国环境保护工作实施统一监督管理。

县级以上地方人民政府环境保护行政主管部门，对本辖区的环境保护工作实施统一监督管理。

国家海洋行政主管部门、港务监督、渔政渔港监督、军队环境保护部门和各级公安、交通、铁道、民航管理部门，依照有关法律的规定对环境污染防治实施监督管理。

县级以上人民政府的土地、矿产、林业、农业、水利行政主管部门，依照有关法律的规定对资源的保护实施监督管理。

第八条　对保护环境有显著成绩的单位和个人，由人民政府给予奖励。

第二章　环境监督管理

第九条　国务院环境保护行政主管部门制定国家环境质量标准。省、自治区、直辖市人民政府对国家环境质量标准中未作规定的项目，可以制定地方环境质量标准，并报国务院环境保护行政主管部门备案。

第十条　国务院环境保护行政主管部门根据国家环境质量标准和国家经济、技术条件，制定国家污染物排放标准。省、自治区、直辖市人民政府对国家污染物排放标准中未作规定的项目，可以制定地方污染物排放标准；对国家污染物排放标准中已作规定的项目，可以制定严于国家污染物排放标准的地方污染物排放标准。地方污染物排放标准须报国务院环境保护行政主管部门备案。凡是向已有地方污染物排放标准的区域排放污染物的，应当执行地方污染物排放标准。

第十一条 国务院环境保护行政主管部门建立监测制度，制定监测规范，会同有关部门组织监测网络，加强对环境监测和管理。国务院和省、自治区、直辖市人民政府的环境保护行政主管部门，应当定期发布环境状况公报。

第十二条 县级以上人民政府环境保护行政主管部门，应当会同有关部门对管辖范围内的环境状况进行调查和评价，拟定环境保护规划，经计划部门综合平衡后，报同级人民政府批准实施。

第十三条 建设污染环境的项目，必须遵守国家有关建设项目环境保护管理的规定。建设项目的环境影响报告书，必须对建设项目产生的污染和对环境的影响作出评价，规定防治措施，经项目主管部门预审并依照规定的程序报环境保护行政主管部门批准。环境影响报告书经批准后，计划部门方可批准建设项目设计任务书。

第十四条 县级以上人民政府环境保护行政主管部门或者其他依照法律规定行使环境监督管理权的部门，有权对管辖范围内的排污单位进行现场检查。被检查的单位应当如实反映情况，提供必要的资料。检查机关应当为被检查的单位保守技术秘密和业务秘密。

第十五条 跨行政区的环境污染和环境破坏的防治工作，由有关地方人民政府协商解决，或者由上级人民政府协调解决，作出决定。

第三章 保护和改善环境

第十六条 地方各级人民政府，应当对本辖区的环境质量负责，采取措施改善环境质量。

第十七条 各级人民政府对具有代表性的各种类型的自然生态系统区域，珍稀、濒危的野生动植物自然分布区域，重要的水源涵养区域，具有重大科学文化价值的地质构造、著名溶洞和化石分布区、冰川、火山、温泉等自然遗迹，以及人文遗迹、古树名木，应当采取措施加以保护，严禁破坏。

第十八条　在国务院、国务院有关主管部门和省、自治区、直辖市人民政府划定的风景名胜区、自然保护区和其他需要特别保护的区域内，不得建设污染环境的工业生产设施；建设其他设施，其污染物排放不得超过规定的排放标准。已经建成的设施，其污染物排放超过规定的排放标准的，限期治理。

第十九条　开发利用自然资源，必须采取措施保护生态环境。

第二十条　各级人民政府应当加强对农业环境的保护，防治土壤污染、土地沙化、盐渍化、贫瘠化、沼泽化、地面沉降和防治植被破坏、水土流失、水源枯竭、种源灭绝以及其他生态失调现象的发生和发展，推广植物病虫害的综合防治，合理使用化肥、农药及植物生长激素。

第二十一条　国务院和沿海地方各级人民政府应当加强对海洋环境的保护。向海洋排放污染物、倾倒废弃物，进行海岸工程建设和海洋石油勘探开发，必须依照法律的规定，防止对海洋环境的污染损害。

第二十二条　制定城市规划，应当确定保护和改善环境的目标和任务。

第二十三条　城乡建设应当结合当地自然环境的特点，保护植被、水域和自然景观，加强城市园林、绿地和风景名胜区的建设。

第四章　防治环境污染和其他公害

第二十四条　产生环境污染和其他公害的单位，必须把环境保护工作纳入计划，建立环境保护责任制度；采取有效措施，防治在生产建设或者其他活动中产生的废气、废水、废渣、粉尘、恶臭气体、放射性物质以及噪声、振动、电磁波辐射等对环境的污染和危害。

第二十五条　新建工业企业和现有工业企业的技术改造，应当采用资源利用率高、污染物排放量少的设备和工艺，采用经济合理的废弃物综合利用技术和污染物处理技术。

第二十六条　建设项目中防治污染的设施，必须与主体工程同时设计、同时施工、同时投产使用。防治污染的设施必须经原审批环境影响报告书的环境保护行政主管部门验收合格后，该建设项目方可投入生产或者使用。防治污染的设施不得擅自拆除或者闲置，确有必要拆除或者闲置的，必须征得所在地的环境保护行政主管部门同意。

第二十七条　排放污染物的企业事业单位，必须依照国务院环境保护行政主管部门的规定申报登记。

第二十八条　排放污染物超过国家或者地方规定的污染物排放标准的企业事业单位，依照国家规定缴纳超标准排污费，并负责治理。《水污染防治法》另有规定的，依照《水污染防治法》的规定执行。征收的超标准排污费必须用于污染的防治，不得挪作他用，具体使用办法由国务院规定。

第二十九条　对造成环境严重污染的企业事业单位，限期治理。中央或者省、自治区、直辖市人民政府直接管辖的企业事业单位的限期治理，由省、自治区、直辖市人民政府决定。市、县或者市、县以下人民政府管辖的企业事业单位的限期治理，由市、县人民政府决定。被限期治理的企业事业单位必须如期完成治理任务。

第三十条　禁止引进不符合我国环境保护规定要求的技术和设备。

第三十一条　因发生事故或者其他突然性事件，造成或者可能造成污染事故的单位，必须立即采取措施处理，及时通报可能受到污染危害的单位和居民，并向当地环境保护行政主管部门和有关部门报告，接受调查处理。可能发生重大污染事故的企业事业单位，应当采取措施，加强防范。

第三十二条　县级以上地方人民政府环境保护行政主管部门，在环境受到严重污染威胁居民生命财产安全时，必须立即向当地人民政府报告，由人民政府采取有效措施，解除或者减轻危害。

第三十三条　生产、储存、运输、销售、使用有毒化学物品和含有放射性物质的物品，必须遵守国家有关规定，防止污染环境。

第三十四条　任何单位不得将产生严重污染的生产设备转移给没有污染防治能力的单位使用。

第五章　法律责任

第三十五条　违反本法规定，有下列行为之一的，环境保护行政主管部门或者其他依照法律规定行使环境监督管理权的部门可以根据不同情节，给予警告或者处以罚款：

（一）拒绝环境保护行政主管部门或者其他依照法律规定行使环境监督管理权的部门现场检查或者在被检查时弄虚作假的。

（二）拒报或者谎报国务院环境保护行政主管部门规定的有关污染物排放申报事项的。

（三）不按国家规定缴纳超标准排污费的。

（四）引进不符合我国环境保护规定要求的技术和设备的。

（五）将产生严重污染的生产设备转移给没有污染防治能力的单位使用的。

第三十六条　建设项目的防治污染设施没有建成或者没有达到国家规定的要求，投入生产或者使用的，由批准该建设项目的环境影响报告书的环境保护行政主管部门责令停止生产或者使用，可以并处罚款。

第三十七条　未经环境保护行政主管部门同意，擅自拆除或者闲置防治污染的设施，污染物排放超过规定的排放标准的，由环境保护行政主管部门责令重新安装使用，并处罚款。

第三十八条　对违反本法规定，造成环境污染事故的企业事业单位，由环境保护行政主管部门或者其他依照法律规定行使环境监督管理权的部门根据所造成的危害后果处以罚款；情节较重的，对有关责任人员由其所在单位或者政府主管机关给予行政处分。

第三十九条　对经限期治理逾期未完成治理任务的企业事业单位，除依照国家规定加收超标准排污费外，可以根据所造成的危害后果处以罚款，或者责令停业、关闭。前款规定的罚款由环境保护行政主管部门决定。责令停业、关闭，由作出限期治理决定的人民政府决定；责令中央直接管辖的企业事业单位停业、关闭，须报国务院批准。

第四十条　当事人对行政处罚决定不服的，可以在接到处罚通知之日起15日内，向作出处罚决定的机关的上一级机关申请复议；对复议决定不服的，可以在接到复议决定之日起15日内，向人民法院起诉。当事人也可以在接到处罚通知之日起15日内，直接向人民法院起诉。当事人逾期不申请复议、也不向人民法院起诉、又不履行处罚决定的，由作出处罚决定的机关申请人民法院强制执行。

第四十一条　造成环境污染危害的，有责任排除危害，并对直接受到损害的单位或者个人赔偿损失。赔偿责任和赔偿金额的纠纷，可以根据当事人的请求，由环境保护行政主管部门或者其他依照本法律规定行使环境监督管理权的部门处理；当事人对处理决定不服的，可以向人民法院起诉。当事人也可以直接向人民法院起诉。完全由于不可护拒的自然灾害，并经及时采取合理措施，仍然不能避免造成环境污染损害的，免予承担责任。

第四十二条　因环境污染损害赔偿提起诉讼的时效期间为 3 年，从当事人知道或者应当知道受到污染损害时起计算。

第四十三条　违反本法规定，造成重大环境污染事故，导致公私财产重大损失或者人身伤亡的严重后果的，对直接责任人员依法追究刑事责任。

第四十四条　违反本法规定，造成土地、森林、草原、水、矿产、渔业、野生动植物等资源的破坏的，依照有关法律的规定承担法律责任。

第四十五条　环境保护监督管理人员滥用职权、玩忽职守、徇私舞弊的，由其所在单位或者上级主管机关给予行政处分；构成犯罪的，依法追究刑事责任。

第六章　附　则

第四十六条　中华人民共和国缔结或者参加的与环境保护有关的国际条约，同中华人民共和国法律有不同规定的，适用国际条约的规定，但中华人民共和国声明保留的条款除外。

第四十七条　本法自公布之日起施行，《中华人民共和国环境保护法（试行）》同时废止。

中华人民共和国防沙治沙法

（2001 年 8 月 31 日第九届全国人民代表大会常务委员会第二十三次会议通过）

目 录

第一章　总　则

第一条　为预防土地沙化，治理沙化土地，维护生态安全，促进经济和社会的可持续发展，制定本法。

第二条　在中华人民共和国境内，从事土地沙化的预防、沙化土地的治理和开发利用活动，必须遵守本法。

土地沙化是指因气候变化和人类活动所导致的天然沙漠扩张和沙质土壤上植被破坏、沙土裸露的过程。

本法所称土地沙化，是指主要因人类不合理活动所导致的天然沙漠扩张和沙质土壤上植被及覆盖物被破坏，形成流沙及沙土裸露的过程。

本法所称沙化土地，包括已经沙化的土地和具有明显沙化趋势的土地。具体范围，由国务院批准的全国防沙治沙规划确定。

第三条　防沙治沙工作应当遵循以下原则：

（一）统一规划，因地制宜，分步实施，坚持区域防治与重点防治相结合；

（二）预防为主，防治结合，综合治理；

（三）保护和恢复植被与合理利用自然资源相结合；

（四）遵循生态规律，依靠科技进步；

（五）改善生态环境与帮助农牧民脱贫致富相结合；

（六）国家支持与地方自力更生相结合，政府组织与社会各界参与相结合，鼓励单位、个人承包防治；

（七）保障防沙治沙者的合法权益。

第四条　国务院和沙化土地所在地区的县级以上地方人民政府，应当将防沙治沙纳入国民经济和社会发展计划，保障和支持防沙治沙工作的开展。

沙化土地所在地区的地方各级人民政府，应当采取有效措施，预防土地沙化，治理沙化土地，保护和改善本行政区域的生态质量。

国家在沙化土地所在地区，建立政府行政领导防沙治沙任期目标责任考核奖惩制度。沙化土地所在地区的县级以上地方人民政府，应当向同级人民代表大会及其常务委员会报告防沙治沙工作情况。

第五条　在国务院领导下，国务院林业行政主管部门负责组织、协调、指导全国防沙治沙工作。

国务院林业、农业、水利、土地、环境保护等行政主管部门和气象主管机构，按照有关法律规定的职责和国务院确定的职责分工，各负其责，密切配合，共同做好防沙治沙工作。

县级以上地方人民政府组织、领导所属有关部门，按照职责分工，各负其责，密切配合，共同做好本行政区域的防沙治沙工作。

第六条　使用土地的单位和个人，有防止该土地沙化的义务。

使用已经沙化的土地的单位和个人，有治理该沙化土地的义务。

第七条　国家支持防沙治沙的科学研究和技术推广工作，发挥科研部门、机构在防沙治沙工作中的作用，培养防沙治沙专门技术人员，提高防沙治沙的科学技术水平。

国家支持开展防沙治沙的国际合作。

第八条　在防沙治沙工作中作出显著成绩的单位和个人，由人民政府给予表彰和奖励；对保护和改善生态质量作出突出贡献的，应当给予重奖。

第九条　沙化土地所在地区的各级人民政府应当组织有关部门开展防沙治沙知识的宣传教育，增强公民的防沙治沙意识，提高公民防沙治沙的能力。

第二章　防沙治沙规划

第十条　防沙治沙实行统一规划。从事防沙治沙活动，以及在沙化土地范围内从事开发利用活动，必须遵循防沙治沙规划。

防沙治沙规划应当对遏制土地沙化扩展趋势，逐步减少沙化土地的时限、步骤、措施等作出明确规定，并将具体实施方案纳入国民经济和社会发展五年计划和年度计划。

第十一条　国务院林业行政主管部门会同国务院农业、水利、土地、环境保护等有关部门编制全国防沙治沙规划，报国务院批准后实施。

省、自治区、直辖市人民政府依据全国防沙治沙规划，编制本行政区域的防沙治沙规划，报国务院或者国务院指定的有关部门批准后实施。

沙化土地所在地区的市、县人民政府，应当依据上一级人民政府的防沙治沙规划，组织编制本行政区域的防沙治沙规划，报上一级人民政府批准后实施。

防沙治沙规划的修改，须经原批准机关批准；未经批准，任何单位和个人不得改变防沙治沙规划。

第十二条　编制防沙治沙规划，应当根据沙化土地所处的地理位置、土地类型、植被状况、气候和水资源状况、土地沙化程度等自然条件及其所发挥的生态、经济功能，对沙化土地实行分类保护、综合治理和合理利用。

在规划期内不具备治理条件的以及因保护生态的需要不宜开发利用的连片沙化土地,应当规划为沙化土地封禁保护区,实行封禁保护。沙化土地封禁保护区的范围,由全国防沙治沙规划以及省、自治区、直辖市防沙治沙规划确定。

第十三条 防沙治沙规划应当与土地利用总体规划相衔接;防沙治沙规划中确定的沙化土地用途,应当符合本级人民政府的土地利用总体规划。

第三章 土地沙化的预防

第十四条 国务院林业行政主管部门组织其他有关行政主管部门对全国土地沙化情况进行监测、统计和分析,并定期公布监测结果。

县级以上地方人民政府林业或者其他有关行政主管部门,应当按照土地沙化监测技术规程,对沙化土地进行监测,并将监测结果向本级人民政府及上一级林业或者其他有关行政主管部门报告。

第十五条 县级以上地方人民政府林业或者其他有关行政主管部门,在土地沙化监测过程中,发现土地发生沙化或者沙化程度加重的,应当及时报告本级人民政府。收到报告的人民政府应当责成有关行政主管部门制止导致土地沙化的行为,并采取有效措施进行治理。

各级气象主管机构应当组织对气象干旱和沙尘暴天气进行监测、预报,发现气象干旱或者沙尘暴天气征兆时,应当及时报告当地人民政府。收到报告的人民政府应当采取预防措施,必要时公布灾情预报,并组织林业、农(牧)业等有关部门采取应急措施,避免或者减轻风沙危害。

第十六条 沙化土地所在地区的县级以上地方人民政府应当按照防沙治沙规划,划出一定比例的土地,因地制宜地营造防风固沙林网、林带,种植多年生灌木和草本植物。由林业行政主管部门负责确定植树造林的成活率、保存率的标准和具体任务,并逐片组织实施,明确责任,确保完成。

除了抚育更新性质的采伐外,不得批准对防风固沙林网、林带进行采伐。在对防风固沙林网、林带进行抚育更新性质的采伐之前,必须在其附近预先形成接替林网和林带。

对林木更新困难地区已有的防风固沙林网、林带，不得批准采伐。

第十七条　禁止在沙化土地上砍挖灌木、药材及其他固沙植物。

沙化土地所在地区的县级人民政府，应当制定植被管护制度，严格保护植被，并根据需要在乡（镇）、村建立植被管护组织，确定管护人员。

在沙化土地范围内，各类土地承包合同应当包括植被保护责任的内容。

第十八条　草原地区的地方各级人民政府，应当加强草原的管理和建设，由农（牧）业行政主管部门负责指导、组织农牧民建设人工草场，控制载畜量，调整牲畜结构，改良牲畜品种，推行牲畜圈养和草场轮牧，消灭草原鼠害、虫害，保护草原植被，防止草原退化和沙化。

草原实行以产草量确定载畜量的制度。由农（牧）业行政主管部门负责制定载畜量的标准和有关规定，并逐级组织实施，明确责任，确保完成。

第十九条　沙化土地所在地区的县级以上地方人民政府水行政主管部门，应当加强流域和区域水资源的统一调配和管理，在编制流域和区域水资源开发利用规划和供水计划时，必须考虑整个流域和区域植被保护的用水需求，防止因地下水和上游水资源的过度开发利用，导致植被破坏和土地沙化。该规划和计划经批准后，必须严格实施。

沙化土地所在地区的地方各级人民政府应当节约用水，发展节水型农牧业和其他产业。

第二十条　沙化土地所在地区的县级以上地方人民政府，不得批准在沙漠边缘地带和林地、草原开垦耕地；已经开垦并对生态产生不良影响的，应当有计划地组织退耕还林还草。

第二十一条　在沙化土地范围内从事开发建设活动的，必须事先就该项目可能对当地及相关地区生态产生的影响进行环境影响评价，依法提交环境影响报告；环境影响报告应当包括有关防沙治沙的内容。

第二十二条　在沙化土地封禁保护区范围内，禁止一切破坏植被的活动。

禁止在沙化土地封禁保护区范围内安置移民。对沙化土地封禁保护区范围内的农牧民，县级以上地方人民政府应当有计划地组织迁出，并妥善安置。沙化土地封禁保护区范围内尚未迁出的农牧民的生产生活，由沙化土地封禁保护区主管部门妥善安排。

　　未经国务院或者国务院指定的部门同意，不得在沙化土地封禁保护区范围内进行修建铁路、公路等建设活动。

第四章　沙化土地的治理

　　第二十三条　沙化土地所在地区的地方各级人民政府，应当按照防沙治沙规划，组织有关部门、单位和个人，因地制宜地采取人工造林种草、飞机播种造林种草、封沙育林育草和合理调配生态用水等措施，恢复和增加植被，治理已经沙化的土地。

　　第二十四条　国家鼓励单位和个人在自愿的前提下，捐资或者以其他形式开展公益性的治沙活动。

　　县级以上地方人民政府林业或者其他有关行政主管部门，应当为公益性治沙活动提供治理地点和无偿技术指导。

　　从事公益性治沙的单位和个人，应当按照县级以上地方人民政府林业或者其他有关行政主管部门的技术要求进行治理，并可以将所种植的林、草委托他人管护或者交由当地人民政府有关行政主管部门管护。

　　第二十五条　使用已经沙化的国有土地的使用权人和农民集体所有土地的承包经营权人，必须采取治理措施，改善土地质量；确实无能力完成治理任务的，可以委托他人治理或者与他人合作治理。委托或者合作治理的，应当签订协议，明确各方的权利和义务。

　　沙化土地所在地区的地方各级人民政府及其有关行政主管部门、技术推广单位，应当为土地使用权人和承包经营权人的治沙活动提供技术指导。

　　采取退耕还林还草、植树种草或者封育措施治沙的土地使用权人和承包经营权人，按照国家有关规定，享受人民政府提供的政策优惠。

　　第二十六条　不具有土地所有权或者使用权的单位和个人从事营利性治沙活动的，应当先与土地所有权人或者使用权人签订协议，依法取得土地使用权。

　　在治理活动开始之前，从事营利性治沙活动的单位和个人应当向治理项目所在地的县级以上地方人民政府林业行政主管部门或者县级以上地方人民政府指定的其他行政主管部门提出治理申请，并附具下列文件：

（一）被治理土地权属的合法证明文件和治理协议；

（二）符合防沙治沙规划的治理方案；

（三）治理所需的资金证明。

第二十七条　本法第二十六条第二款第二项所称治理方案，应当包括以下内容：

（一）治理范围界限；

（二）分阶段治理目标和治理期限；

（三）主要治理措施；

（四）经当地水行政主管部门同意的用水来源和用水量指标；

（五）治理后的土地用途和植被管护措施；

（六）其他需要载明的事项。

第二十八条　从事营利性治沙活动的单位和个人，必须按照治理方案进行治理。

国家保护沙化土地治理者的合法权益。在治理者取得合法土地权属的治理范围内，未经治理者同意，其他任何单位和个人不得从事治理或者开发利用活动。

第二十九条　治理者完成治理任务后，应当向县级以上地方人民政府受理治理申请的行政主管部门提出验收申请。经验收合格的，受理治理申请的行政主管部门应当发给治理合格证明文件；经验收不合格的，治理者应当继续治理。

第三十条　已经沙化的土地范围内的铁路、公路、河流和水渠两侧，城镇、村庄、厂矿和水库周围，实行单位治理责任制，由县级以上地方人民政府下达治理责任书，由责任单位负责组织造林种草或者采取其他治理措施。

第三十一条　沙化土地所在地区的地方各级人民政府，可以组织当地农村集体经济组织及其成员在自愿的前提下，对已经沙化的土地进行集中治理。农村集体经济组织及其成员投入的资金和劳力，可以折算为治理项目的股份、资本金，也可以采取其他形式给予补偿。

第五章　保障措施

第三十二条　国务院和沙化土地所在地区的地方各级人民政府应当在本级财政预算中按照防沙治沙规划通过项目预算安排资金，用于本级人民政府确定的防沙治沙工程。在安排扶贫、农业、水利、道路、矿产、能源、农业综合开发等项目时，应当根据具体情况，设立若干防沙治沙子项目。

第三十三条　国务院和省、自治区、直辖市人民政府应当制定优惠政策，鼓励和支持单位和个人防沙治沙。

县级以上地方人民政府应当按照国家有关规定，根据防沙治沙的面积和难易程度，给予从事防沙治沙活动的单位和个人资金补助、财政贴息以及税费减免等政策优惠。

单位和个人投资进行防沙治沙的，在投资阶段免征各种税收；取得一定收益后，可以免征或者减征有关税收。

第三十四条　使用已经沙化的国有土地从事治沙活动的，经县级以上人民政府依法批准，可以享有不超过70年的土地使用权。具体年限和管理办法，由国务院规定。

使用已经沙化的集体所有土地从事治沙活动的，治理者应当与土地所有人签订土地承包合同。具体承包期限和当事人的其他权利、义务由承包合同双方依法在土地承包合同中约定。县级人民政府依法根据土地承包合同向治理者颁发土地使用权证书，保护集体所有沙化土地治理者的土地使用权。

第三十五条　因保护生态的特殊要求，将治理后的土地批准划为自然保护区或者沙化土地封禁保护区的，批准机关应当给予治理者合理的经济补偿。

第三十六条　国家根据防沙治沙的需要，组织设立防沙治沙重点科研项目和示范、推广项目，并对防沙治沙、沙区能源、沙生经济作物、节水灌溉、防止草原退化、沙地旱作农业等方面的科学研究与技术推广给予资金补助、税费减免等政策优惠。

第三十七条　任何单位和个人不得截留、挪用防沙治沙资金。

县级以上人民政府审计机关，应当依法对防沙治沙资金使用情况实施审计监督。

第六章 法律责任

第三十八条 违反本法第二十二条第一款规定，在沙化土地封禁保护区范围内从事破坏植被活动的，由县级以上地方人民政府林业、农（牧）业行政主管部门按照各自的职责，责令停止违法行为；有违法所得的，没收其违法所得；构成犯罪的，依法追究刑事责任。

第三十九条 违反本法第二十五条第一款规定，国有土地使用权人和农民集体所有土地承包经营权人未采取防沙治沙措施，造成土地严重沙化的，由县级以上地方人民政府农（牧）业、林业行政主管部门按照各自的职责，责令限期治理；造成国有土地严重沙化的，县级以上人民政府可以收回国有土地使用权。

第四十条 违反本法规定，进行营利性治沙活动，造成土地沙化加重的，由县级以上地方人民政府负责受理营利性治沙申请的行政主管部门责令停止违法行为，可以并处每公顷 5000 元以上、50000 元以下的罚款。

第四十一条 违反本法第二十八条第一款规定，不按照治理方案进行治理的，或者违反本法第二十九条规定，经验收不合格又不按要求继续治理的，由县级以上地方人民政府负责受理营利性治沙申请的行政主管部门责令停止违法行为，限期改正，可以并处相当于治理费用 1 倍以上、3 倍以下的罚款。

第四十二条 违反本法第二十八条第二款规定，未经治理者同意，擅自在他人的治理范围内从事治理或者开发利用活动的，由县级以上地方人民政府负责受理营利性治沙申请的行政主管部门责令停止违法行为；给治理者造成损失的，应当赔偿损失。

第四十三条 违反本法规定，有下列情形之一的，对直接负责的主管人员和其他直接责任人员，由所在单位、监察机关或者上级行政主管部门依法给予行政处分：

（一）违反本法第十五条第一款规定，发现土地发生沙化或者沙化程度加重不及时报告的，或者收到报告后不责成有关行政主管部门采取措施的；

（二）违反本法第十六条第二款、第三款规定，批准采伐防风固沙林网、林带的；

（三）违反本法第二十条规定，批准在沙漠边缘地带和林地、草原开垦耕地的；

（四）违反本法第二十二条第二款规定，在沙化土地封禁保护区范围内安置移民的；

（五）违反本法第二十二条第三款规定，未经批准在沙化土地封禁保护区范围内进行修建铁路、公路等建设活动的。

第四十四条　违反本法第三十七条第一款规定，截留、挪用防沙治沙资金的，对直接负责的主管人员和其他直接责任人员，由监察机关或者上级行政主管部门依法给予行政处分；构成犯罪的，依法追究刑事责任。

第四十五条　防沙治沙监督管理人员滥用职权、玩忽职守、徇私舞弊，构成犯罪的，依法追究刑事责任。

第七章　附　则

第四十六条　本法第五条第二款中所称的有关法律，是指《中华人民共和国森林法》、《中华人民共和国草原法》、《中华人民共和国水土保持法》、《中华人民共和国土地管理法》、《中华人民共和国环境保护法》和《中华人民共和国气象法》。

第四十七条　本法自 2002 年 1 月 1 日起施行。

中华人民共和国森林法实施条例

中华人民共和国国务院令　第 278 号

现发布《中华人民共和国森林法实施条例》，自发布之日起施行。

总理　朱镕基

二〇〇〇年一月二十九日

目　录

第一章　总　则

第一条　根据《中华人民共和国森林法》（以下简称《森林法》），制定本条例。

第二条　森林资源，包括森林、林木、林地以及依托森林、林木、林地生存的野生动物、植物和微生物。

森林，包括乔木林和竹林。

林木，包括树木和竹子。

林地，包括郁闭度 0.2 以上的乔木林地以及竹林地、灌木林地、疏林地、采伐迹地、火烧迹地、未成林造林地、苗圃地和县级以上人民政府规划的宜林地。

第三条　国家依法实行森林、林木和林地登记发证制度。依法登记的森林、林木和林地的所有权、使用权受法律保护，任何单位和个人不得侵犯。

森林、林木和林地的权属证书式样由国务院林业主管部门规定。

第四条　依法使用的国家所有的森林、林木和林地，按照下列规定登记：

（一）使用国务院确定的国家所有的重点林区（以下简称重点林区）的森林、林木和林地的单位，应当向国务院林业主管部门提出登记申请，由国务院林业主管部门登记造册，核发证书，确认森林、林木和林地使用权以及由使用者所有的林木所有权；

（二）使用国家所有的跨行政区域的森林、林木和林地的单位和个人，应当向共同的上一级人民政府林业主管部门提出登记申请，由该人民政府登记造册，核发证书，确认森林、林木和林地使用权以及由使用者所有的林木所有权；

（三）使用国家所有的其他森林、林木和林地的单位和个人，应当向县级以上地方人民政府林业主管部门提出登记申请，由县级以上地方人民政府登记造册，核发证书，确认森林、林木和林地使用权以及由使用者所有的林木所有权。

未确定使用权的国家所有的森林、林木和林地，由县级以上人民政府登记造册，负责保护管理。

第五条　集体所有的森林、林木和林地，由所有者向所在地的县级人民政府林业主管部门提出登记申请，由该县级人民政府登记造册，核发证书，确认所有权。

单位和个人所有的林木，由所有者向所在地的县级人民政府林业主管部门提出登记申请，由该县级人民政府登记造册，核发证书，确认林木所有权。

使用集体所有的森林、林木和林地的单位和个人，应当向所在地的县级人民政府林业主管部门提出登记申请，由该县级人民政府登记造册，核发证书，确认森林、林木和林地使用权。

第六条 改变森林、林木和林地所有权、使用权的，应当依法办理变更登记手续。

第七条 县级以上人民政府林业主管部门应当建立森林、林木和林地权属管理档案。

第八条 国家重点防护林和特种用途林，由国务院林业主管部门提出意见，报国务院批准公布；地方重点防护林和特种用途林，由省、自治区、直辖市人民政府林业主管部门提出意见，报本级人民政府批准公布；其他防护林、用材林、特种用途林以及经济林、薪炭林，由县级人民政府林业主管部门根据国家关于林种划分的规定和本级人民政府的部署组织划定，报本级人民政府批准公布。

省、自治区、直辖市行政区域内的重点防护林和特种用途林的面积，不得少于本行政区域森林总面积的30%。

经批准公布的林种改变为其他林种的，应当报原批准公布机关批准。

第九条 依照《森林法》第八条第一款第（五）项规定提取的资金，必须专门用于营造坑木、造纸等用材林，不得挪作他用。审计机关和林业主管部门应当加强监督。

第十条 国务院林业主管部门向重点林区派驻的森林资源监督机构，应当加强对重点林区内森林资源保护管理的监督检查。

第二章　森林经营管理

第十一条 国务院林业主管部门应当定期监测全国森林资源消长和森林生态环境变化的情况。

重点林区森林资源调查、建立档案和编制森林经营方案等项工作，由国务院林业主管部门组织实施；其他森林资源调查、建立档案和编制森林经营方案等项工作，由县级以上地方人民政府林业主管部门组织实施。

第十二条　制定林业长远规划，应当遵循下列原则：

（一）保护生态环境和促进经济的可持续发展；

（二）以现有的森林资源为基础；

（三）与土地利用总体规划、水土保持规划、城市规划、村庄和集镇规划相协调。

第十三条　林业长远规划应当包括下列内容：

（一）林业发展目标；

（二）林种比例；

（三）林地保护利用规划；

（四）植树造林规划。

第十四条　全国林业长远规划由国务院林业主管部门会同其他有关部门编制，报国务院批准后施行。

地方各级林业长远规划由县级以上地方人民政府林业主管部门会同其他有关部门编制，报本级人民政府批准后施行。

下级林业长远规划应当根据上一级林业长远规划编制。

林业长远规划的调整、修改，应当报经原批准机关批准。

第十五条　国家依法保护森林、林木和林地经营者的合法权益。任何单位和个人不得侵占经营者依法所有的林木和使用的林地。

用材林、经济林和薪炭林的经营者，依法享有经营权、收益权和其他合法权益。

防护林和特种用途林的经营者，有获得森林生态效益补偿的权利。

第十六条　勘查、开采矿藏和修建道路、水利、电力、通讯等工程，需要占用或者征用林地的，必须遵守下列规定：

（一）用地单位应当向县级以上人民政府林业主管部门提出用地申请，经审核同意后，按照国家规定的标准预交森林植被恢复费，领取使用林地审核同意书。用地单位凭使用林地审核同意书依法办理建设用地审批手续。占用或者征用林地未经林业主管部门审核同意的，土地行政主管部门不得受理建设用地申请。

（二）占用或者征用防护林林地或者特种用途林林地面积10公顷以上

的、用材林、经济林、薪炭林林地及其采伐迹地面积 35 公顷以上的，其他林地面积 70 公顷以上的，由国务院林业主管部门审核；占用或者征用林地面积低于上述规定数量的，由省、自治区、直辖市人民政府林业主管部门审核。占用或者征用重点林区的林地的，由国务院林业主管部门审核。

（三）用地单位需要采伐已经批准占用或者征用的林地上的林木时，应当向林地所在地的县级以上地方人民政府林业主管部门或者国务院林业主管部门申请林木采伐许可证。

（四）占用或者征用林地未被批准的，有关林业主管部门应当自接到不予批准通知之日起 7 日内将收取的森林植被恢复费如数退还。

第十七条　需要临时占用林地的，应当经县级以上人民政府林业主管部门批准。

临时占用林地的期限不得超过 2 年，并不得在临时占用的林地上修筑永久性建筑物；占用期满后，用地单位必须恢复林业生产条件。

第十八条　森林经营单位在所经营的林地范围内修筑直接为林业生产服务的工程设施，需要占用林地的，由县级以上人民政府林业主管部门批准；修筑其他工程设施，需要将林地转为非林业建设用地的，必须依法办理建设用地审批手续。

前款所称直接为林业生产服务的工程设施是指：

（一）培育、生产种子、苗木的设施；

（二）贮存种子、苗木、木材的设施；

（三）集材道、运材道；

（四）林业科研、试验、示范基地；

（五）野生动植物保护、护林、森林病虫害防治、森林防火、木材检疫的设施；

（六）供水、供电、供热、供气、通讯基础设施。

第三章　森林保护

第十九条　县级以上人民政府林业主管部门应当根据森林病虫害测报中心和测报点对测报对象的调查和监测情况，定期发布长期、中期、短期森林病虫害预报，并及时提出防治方案。

森林经营者应当选用良种，营造混交林，实行科学育林，提高防御森林病虫害的能力。

发生森林病虫害时，有关部门、森林经营者应当采取综合防治措施，及时进行除治。

发生严重森林病虫害时，当地人民政府应当采取紧急除治措施，防止蔓延，消除隐患。

第二十条 国务院林业主管部门负责确定全国林木种苗检疫对象。省、自治区、直辖市人民政府林业主管部门根据本地区的需要，可以确定本省、自治区、直辖市的林木种苗补充检疫对象，报国务院林业主管部门备案。

第二十一条 禁止毁林开垦、毁林采种和违反操作技术规程采脂、挖笋、掘根、剥树皮及过度修枝的毁林行为。

第二十二条 25度以上的坡地应当用于植树、种草。25度以上的坡耕地应当按照当地人民政府制定的规划，逐步退耕，植树和种草。

第二十三条 发生森林火灾时，当地人民政府必须立即组织军民扑救；有关部门应当积极做好扑救火灾物资的供应、运输和通讯、医疗等工作。

第四章　植树造林

第二十四条 《森林法》所称森林覆盖率，是指以行政区域为单位森林面积与土地面积的百分比。森林面积，包括郁闭度0.2以上的乔木林地面积和竹林地面积、国家特别规定的灌木林地面积、农田林网以及村旁、路旁、水旁、宅旁林木的覆盖面积。

县级以上地方人民政府应当按照国务院确定的森林覆盖率奋斗目标，确定本行政区域森林覆盖率的奋斗目标，并组织实施。

第二十五条 植树造林应当遵守造林技术规程，实行科学造林，提高林木的成活率。

县级人民政府对本行政区域内当年造林的情况应当组织检查验收，除国家特别规定的干旱、半干旱地区外，成活率不足85%的，不得计入年度造林完成面积。

第二十六条　国家对造林绿化实行部门和单位负责制。

铁路公路两旁、江河两岸、湖泊水库周围，各有关主管单位是造林绿化的责任单位。工矿区，机关、学校用地，部队营区以及农场、牧场、渔场经营地区，各该单位是造林绿化的责任单位。

责任单位的造林绿化任务，由所在地的县级人民政府下达责任通知书，予以确认。

第二十七条　国家保护承包造林者依法享有的林木所有权和其他合法权益。未经发包方和承包方协商一致，不得随意变更或者解除承包造林合同。

第五章　森林采伐

第二十八条　国家所有的森林和林木以国有林业企业事业单位、农场、厂矿为单位，集体所有的森林和林木、个人所有的林木以县为单位，制定年森林采伐限额，由省、自治区、直辖市人民政府林业主管部门汇总、平衡，经本级人民政府审核后，报国务院批准；其中，重点林区的年森林采伐限额，由国务院林业主管部门审核后，报国务院批准。

国务院批准的年森林采伐限额，每5年核定一次。

第二十九条　采伐森林、林木作为商品销售的，必须纳入国家年度木材生产计划；但是，农村居民采伐自留山上个人所有的薪炭林和自留地、房前屋后个人所有的零星林木除外。

第三十条　申请林木采伐许可证，除应当提交申请采伐林木的所有权证书或者使用权证书外，还应当按照下列规定提交其他有关证明文件：

（一）国有林业企业事业单位还应当提交采伐区调查设计文件和上年度采伐更新验收证明；

（二）其他单位还应当提交包括采伐林木的目的、地点、林种、林况、面积、蓄积量、方式和更新措施等内容的文件；

（三）个人还应当提交包括采伐林木的地点、面积、树种、株数、蓄积量、更新时间等内容的文件。

因扑救森林火灾、防洪抢险等紧急情况需要采伐林木的，组织抢险的单位或者部门应当自紧急情况结束之日起 30 日内，将采伐林木的情况报告当地县级以上人民政府林业主管部门。

第三十一条　有下列情形之一的，不得核发林木采伐许可证：

（一）防护林和特种用途林进行非抚育或者非更新性质的采伐的，或者采伐封山育林期、封山育林区内的林木的；

（二）上年度采伐后未完成更新造林任务的；

（三）上年度发生重大滥伐案件、森林火灾或者大面积严重森林病虫害，未采取预防和改进措施的。

林木采伐许可证的式样由国务院林业主管部门规定，由省、自治区、直辖市人民政府林业主管部门印制。

第三十二条　除《森林法》已有明确规定的外，林木采伐许可证按照下列规定权限核发：

（一）县属国有林场，由所在地的县级人民政府林业主管部门核发；

（二）省、自治区、直辖市和设区的市、自治州所属的国有林业企业事业单位、其他国有企业事业单位，由所在地的省、自治区、直辖市人民政府林业主管部门核发；

（三）重点林区的国有林业企业事业单位，由国务院林业主管部门核发。

第三十三条　利用外资营造的用材林达到一定规模需要采伐的，应当在国务院批准的年森林采伐限额内，由省、自治区、直辖市人民政府林业主管部门批准，实行采伐限额单列。

第三十四条　在林区经营（含加工）木材，必须经县级以上人民政府林业主管部门批准。

木材收购单位和个人不得收购没有林木采伐许可证或者其他合法来源证明的木材。

前款所称木材，是指原木、锯材、竹材、木片和省、自治区、直辖市规定的其他木材。

第三十五条　从林区运出非国家统一调拨的木材，必须持有县级以上人民政府林业主管部门核发的木材运输证。

重点林区的木材运输证，由国务院林业主管部门核发；其他木材运输证，由县级以上地方人民政府林业主管部门核发。

木材运输证自木材起运点到终点全程有效，必须随货同行。没有木材运输证的，承运单位和个人不得承运。

木材运输证的式样由国务院林业主管部门规定。

第三十六条 申请木材运输证，应当提交下列证明文件：

（一）林木采伐许可证或者其他合法来源证明；

（二）检疫证明；

（三）省、自治区、直辖市人民政府林业主管部门规定的其他文件。

符合前款条件的，受理木材运输证申请的县级以上人民政府林业主管部门应当自接到申请之日起3日内发给木材运输证。

依法发放的木材运输证所准运的木材运输总量，不得超过当地年度木材生产计划规定可以运出销售的木材总量。

第三十七条 经省、自治区、直辖市人民政府批准在林区设立的木材检查站，负责检查木材运输；无证运输木材的，木材检查站应当予以制止，可以暂扣无证运输的木材，并立即报请县级以上人民政府林业主管部门依法处理。

第六章 法律责任

第三十八条 盗伐森林或者其他林木，以立木材积计算不足0.5立方米或者幼树不足20株的，由县级以上人民政府林业主管部门责令补种盗伐株数10倍的树木，没收盗伐的林木或者变卖所得，并处盗伐林木价值3~5倍的罚款。

盗伐森林或者其他林木，以立木材积计算0.5立方米以上或者幼树20株以上的，由县级以上人民政府林业主管部门责令补种盗伐株数10倍的树木，没收盗伐的林木或者变卖所得，并处盗伐林木价值5~10倍的罚款。

第三十九条 滥伐森林或者其他林木，以立木材积计算不足2立方米或者幼树不足50株的，由县级以上人民政府林业主管部门责令补种滥伐株数5倍的树木，并处滥伐林木价值2~3倍的罚款。

滥伐森林或者其他林木，以立木材积计算2立方米以上或者幼树50株以上的，由县级以上人民政府林业主管部门责令补种滥伐株数 5 倍的树木，并处滥伐林木价值 3 ~ 5 倍的罚款。

超过木材生产计划采伐森林或者其他林木的，依照前两款规定处罚。

第四十条　违反本条例规定，未经批准，擅自在林区经营（含加工）木材的，由县级以上人民政府林业主管部门没收非法经营的木材和违法所得，并处违法所得 2 倍以下的罚款。

第四十一条　违反本条例规定，毁林采种或者违反操作技术规程采脂、挖笋、掘根、剥树皮及过度修枝，致使森林、林木受到毁坏的，依法赔偿损失，由县级以上人民政府林业主管部门责令停止违法行为，补种毁坏株数 1 ~ 3 倍的树木，可以处毁坏林木价值 1 ~ 5 倍的罚款；拒不补种树木或者补种不符合国家有关规定的，由县级以上人民政府林业主管部门组织代为补种，所需费用由违法者支付。

违反《森林法》和本条例规定，擅自开垦林地，致使森林、林木受到毁坏的，依照森林法第四十四条的规定予以处罚；对森林、林木未造成毁坏或者被开垦的林地上没有森林、林木的，由县级以上人民政府林业主管部门责令停止违法行为，限期恢复原状，可以处非法开垦林地每平方米 10 元以下的罚款。

第四十二条　有下列情形之一的，由县级以上人民政府林业主管部门责令限期完成造林任务；逾期未完成的，可以处应完成而未完成造林任务所需费用 2 倍以下的罚款；对直接负责的主管人员和其他直接责任人员，依法给予行政处分：

（一）连续两年未完成更新造林任务的；

（二）当年更新造林面积未达到应更新造林面积 50% 的；

（三）除国家特别规定的干旱、半干旱地区外，更新造林当年成活率未达到 85% 的；

（四）植树造林责任单位未按照所在地县级人民政府的要求按时完成造林任务的。

第四十三条　未经县级以上人民政府林业主管部门审核同意，擅自改变林地用途的，由县级以上人民政府林业主管部门责令限期恢复原状，并处非法改变用途林地每平方米 10 ~ 30 元的罚款。

临时占用林地，逾期不归还的，依照前款规定处罚。

第四十四条　无木材运输证运输木材的，由县级以上人民政府林业主管部门没收非法运输的木材，对货主可以并处非法运输木材价款 30% 以下的罚款。

运输的木材数量超出木材运输证所准运的运输数量的，由县级以上人民政府林业主管部门没收超出部分的木材；运输的木材树种、材种、规格与木材运输证规定不符又无正当理由的，没收其不相符部分的木材。

使用伪造、涂改的木材运输证运输木材的，由县级以上人民政府林业主管部门没收非法运输的木材，并处没收木材价款 10% ~ 50% 的罚款。

承运无木材运输证的木材的，由县级以上人民政府林业主管部门没收运费，并处运费 1 ~ 3 倍的罚款。

第四十五条　擅自移动或者毁坏林业服务标志的，由县级以上人民政府林业主管部门责令限期恢复原状；逾期不恢复原状的，由县级以上人民政府林业主管部门代为恢复，所需费用由违法者支付。

第四十六条　违反本条例规定，未经批准，擅自将防护林和特种用途林改变为其他林种的，由县级以上人民政府林业主管部门收回经营者所获取的森林生态效益补偿，并处所获取森林生态效益补偿 3 倍以下的罚款。

第七章　附　则

第四十七条　本条例中县级以上地方人民政府林业主管部门职责权限的划分，由国务院林业主管部门具体规定。

第四十八条　本条例自发布之日起施行。1986 年 4 月 28 日国务院批准、1986 年 5 月 10 日林业部发布的《中华人民共和国森林法实施细则》同时废止。

中华人民共和国草原法

中华人民共和国主席令 第82号

《中华人民共和国草原法》已由中华人民共和国第九届全国人民代表大会常务委员会第三十一次会议于 2002 年 12 月 28 日修订通过，现将修订后的《中华人民共和国草原法》公布，自 2003 年 3 月 1 日起施行。

中华人民共和国主席 江泽民

二○○二年十二月二十八日

（1985 年 6 月 18 日第六届全国人民代表大会常务委员会第十一次会议通过；2002 年 12 月 28 日第九届全国人民代表大会常务委员会第三十一次会议修订）

目 录

第九章　附　则

第一章　总　则

第一条　为了保护、建设和合理利用草原，改善生态环境，维护生物多样性，发展现代畜牧业，促进经济和社会的可持续发展，制定本法。

第二条　在中华人民共和国领域内从事草原规划、保护、建设、利用和管理活动，适用本法。

本法所称草原，是指天然草原和人工草地。

第三条　国家对草原实行科学规划、全面保护、重点建设、合理利用的方针，促进草原的可持续利用和生态、经济、社会的协调发展。

第四条　各级人民政府应当加强对草原保护、建设和利用的管理，将草原的保护、建设和利用纳入国民经济和社会发展计划。

各级人民政府应当加强保护、建设和合理利用草原的宣传教育。

第五条　任何单位和个人都有遵守草原法律法规、保护草原的义务，同时享有对违反草原法律法规、破坏草原的行为进行监督、检举和控告的权利。

第六条　国家鼓励与支持开展草原保护、建设、利用和监测方面的科学研究，推广先进技术和先进成果，培养科学技术人才。

第七条　国家对在草原管理、保护、建设、合理利用和科学研究等工作中做出显著成绩的单位和个人，给予奖励。

第八条　国务院草原行政主管部门主管全国草原监督管理工作。

县级以上地方人民政府草原行政主管部门主管本行政区域内草原监督管理工作。

乡（镇）人民政府应当加强对本行政区域内草原保护、建设和利用情况的监督检查，根据需要可以设专职或者兼职人员负责具体监督检查工作。

第二章　草原权属

第九条　草原属于国家所有，由法律规定属于集体所有的除外。国家所有的草原，由国务院代表国家行使所有权。

任何单位或者个人不得侵占、买卖或者以其他形式非法转让草原。

第十条　国家所有的草原，可以依法确定给全民所有制单位、集体经济组织等使用。

使用草原的单位，应当履行保护、建设和合理利用草原的义务。

第十一条　依法确定给全民所有制单位、集体经济组织等使用的国家所有的草原，由县级以上人民政府登记，核发使用权证，确认草原使用权。

未确定使用权的国家所有的草原，由县级以上人民政府登记造册，并负责保护管理。

集体所有的草原，由县级人民政府登记，核发所有权证，确认草原所有权。

依法改变草原权属的，应当办理草原权属变更登记手续。

第十二条　依法登记的草原所有权和使用权受法律保护，任何单位或者个人不得侵犯。

第十三条　集体所有的草原或者依法确定给集体经济组织使用的国家所有的草原，可以由本集体经济组织内的家庭或者联户承包经营。

在草原承包经营期内，不得对承包经营者使用的草原进行调整；个别确需适当调整的，必须经本集体经济组织成员的村（牧）民会议2/3以上成员或者2/3以上村（牧）民代表的同意，并报乡（镇）人民政府和县级人民政府草原行政主管部门批准。

集体所有的草原或者依法确定给集体经济组织使用的国家所有的草原由本集体经济组织以外的单位或者个人承包经营的，必须经本集体经济组织成员的村（牧）民会议2/3以上成员或者2/3以上村（牧）民代表的同意，并报乡（镇）人民政府批准。

第十四条　承包经营草原，发包方和承包方应当签订书面合同。草原承包合同的内容应当包括双方的权利和义务、承包草原四至界限、面积和等级、承包期和起止日期、承包草原用途和违约责任等。承包期届满，原承包经营者在同等条件下享有优先承包权。

承包经营草原的单位和个人，应当履行保护、建设和按照承包合同约定的用途合理利用草原的义务。

第十五条　草原承包经营权受法律保护，可以按照自愿、有偿的原则依法转让。

草原承包经营权转让的受让方必须具有从事畜牧业生产的能力，并应当履行保护、建设和按照承包合同约定的用途合理利用草原的义务。

草原承包经营权转让应当经发包方同意。承包方与受让方在转让合同中约定的转让期限，不得超过原承包合同剩余的期限。

第十六条　草原所有权、使用权的争议，由当事人协商解决；协商不成的，由有关人民政府处理。

单位之间的争议，由县级以上人民政府处理；个人之间、个人与单位之间的争议，由乡（镇）人民政府或者县级以上人民政府处理。

当事人对有关人民政府的处理决定不服的，可以依法向人民法院起诉。

在草原权属争议解决前，任何一方不得改变草原利用现状，不得破坏草原和草原上的设施。

第三章　规　划

第十七条　国家对草原保护、建设、利用实行统一规划制度。国务院草原行政主管部门会同国务院有关部门编制全国草原保护、建设、利用规划，报国务院批准后实施。

县级以上地方人民政府草原行政主管部门会同同级有关部门依据上一级草原保护、建设、利用规划编制本行政区域的草原保护、建设、利用规划，报本级人民政府批准后实施。

经批准的草原保护、建设、利用规划确需调整或者修改时，须经原批准机关批准。

第十八条　编制草原保护、建设、利用规划，应当依据国民经济和社会发展规划并遵循下列原则：

（一）改善生态环境，维护生物多样性，促进草原的可持续利用；

（二）以现有草原为基础，因地制宜，统筹规划，分类指导；

（三）保护为主、加强建设、分批改良、合理利用；

（四）生态效益、经济效益、社会效益相结合。

第十九条　草原保护、建设、利用规划应当包括：草原保护、建设、利用的目标和措施，草原功能分区和各项建设的总体部署，各项专业规划等。

第二十条　草原保护、建设、利用规划应当与土地利用总体规划相衔接，与环境保护规划、水土保持规划、防沙治沙规划、水资源规划、林业长远规划、城市总体规划、村庄和集镇规划以及其他有关规划相协调。

第二十一条　草原保护、建设、利用规划一经批准，必须严格执行。

第二十二条　国家建立草原调查制度。

县级以上人民政府草原行政主管部门会同同级有关部门定期进行草原调查；草原所有者或者使用者应当支持、配合调查，并提供有关资料。

第二十三条　国务院草原行政主管部门会同国务院有关部门制定全国草原等级评定标准。

县级以上人民政府草原行政主管部门根据草原调查结果、草原的质量，依据草原等级评定标准，对草原进行评等定级。

第二十四条　国家建立草原统计制度。

县级以上人民政府草原行政主管部门和同级统计部门共同制定草原统计调查办法，依法对草原的面积、等级、产草量、载畜量等进行统计，定期发布草原统计资料。

草原统计资料是各级人民政府编制草原保护、建设、利用规划的依据。

第二十五条　国家建立草原生产、生态监测预警系统。

县级以上人民政府草原行政主管部门对草原的面积、等级、植被构成、生产能力、自然灾害、生物灾害等草原基本状况实行动态监测，及时为本级政府和有关部门提供动态监测和预警信息服务。

第四章　建　设

第二十六条　县级以上人民政府应当增加草原建设的投入，支持草原建设。

国家鼓励单位和个人投资建设草原，按照谁投资、谁受益的原则保护草原投资建设者的合法权益。

第二十七条　国家鼓励与支持人工草地建设、天然草原改良和饲草饲料基地建设，稳定和提高草原生产能力。

第二十八条　县级以上人民政府应当支持、鼓励和引导农牧民开展草原围栏、饲草饲料储备、牲畜圈舍、牧民定居点等生产生活设施的建设。

县级以上地方人民政府应当支持草原水利设施建设，发展草原节水灌溉，改善人畜饮水条件。

第二十九条　县级以上人民政府应当按照草原保护、建设、利用规划加强草种基地建设，鼓励选育、引进、推广优良草品种。

新草品种必须经全国草品种审定委员会审定，由国务院草原行政主管部门公告后方可推广。从境外引进草种必须依法进行审批。

县级以上人民政府草原行政主管部门应当依法加强对草种生产、加工、检疫、检验的监督管理，保证草种质量。

第三十条　县级以上人民政府应当有计划地进行火情监测、防火物资储备、防火隔离带等草原防火设施的建设，确保防火需要。

第三十一条　对退化、沙化、盐碱化、石漠化和水土流失的草原，地方各级人民政府应当按照草原保护、建设、利用规划，划定治理区，组织专项治理。

大规模的草原综合治理，列入国家国土整治计划。

第三十二条　县级以上人民政府应当根据草原保护、建设、利用规划，在本级国民经济和社会发展计划中安排资金用于草原改良、人工种草和草种生产，任何单位或者个人不得截留、挪用；县级以上人民政府财政部门和审计部门应当加强监督管理。

第五章　利　用

第三十三条　草原承包经营者应当合理利用草原，不得超过草原行政主管部门核定的载畜量；草原承包经营者应当采取种植和储备饲草饲料、增加饲草饲料供应量、调剂处理牲畜、优化畜群结构、提高出栏率等措施，保持草畜平衡。

草原载畜量标准和草畜平衡管理办法由国务院草原行政主管部门规定。

第三十四条　牧区的草原承包经营者应当实行划区轮牧，合理配置畜群，均衡利用草原。

第三十五条　国家提倡在农区、半农半牧区和有条件的牧区实行牲畜圈养。草原承包经营者应当按照饲养牲畜的种类和数量，调剂、储备饲草饲料，采用青贮和饲草饲料加工等新技术，逐步改变依赖天然草地放牧的生产方式。

在草原禁牧、休牧、轮牧区，国家对实行舍饲圈养的给予粮食和资金补助，具体办法由国务院或者国务院授权的有关部门规定。

第三十六条　县级以上地方人民政府草原行政主管部门对割草场和野生草种基地应当规定合理的割草期、采种期以及留茬高度和采割强度，实行轮割轮采。

第三十七条　遇到自然灾害等特殊情况，需要临时调剂使用草原的，按照自愿互利的原则，由双方协商解决；需要跨县临时调剂使用草原的，由有关县级人民政府或者共同的上级人民政府组织协商解决。

第三十八条　进行矿藏开采和工程建设，应当不占或者少占草原；确需征用或者使用草原的，必须经省级以上人民政府草原行政主管部门审核同意后，依照有关土地管理的法律、行政法规办理建设用地审批手续。

第三十九条　因建设征用集体所有的草原的，应当依照《中华人民共和国土地管理法》的规定给予补偿；因建设使用国家所有的草原的，应当依照国务院有关规定对草原承包经营者给予补偿。

因建设征用或者使用草原的，应当交纳草原植被恢复费。草原植被恢复费专款专用，由草原行政主管部门按照规定用于恢复草原植被，任何单位和个人不得截留、挪用。草原植被恢复费的征收、使用和管理办法，由国务院价格主管部门和国务院财政部门会同国务院草原行政主管部门制定。

第四十条　需要临时占用草原的，应当经县级以上地方人民政府草原行政主管部门审核同意。

临时占用草原的期限不得超过2年，并不得在临时占用的草原上修建永久性建筑物、构筑物；占用期满，用地单位必须恢复草原植被并及时退还。

第四十一条　在草原上修建直接为草原保护和畜牧业生产服务的工程

设施，需要使用草原的，由县级以上人民政府草原行政主管部门批准；修筑其他工程，需要将草原转为非畜牧业生产用地的，必须依法办理建设用地审批手续。

前款所称直接为草原保护和畜牧业生产服务的工程设施，是指：

（一）生产、贮存草种和饲草饲料的设施；

（二）牲畜圈舍、配种点、剪毛点、药浴池、人畜饮水设施；

（三）科研、试验、示范基地；

（四）草原防火和灌溉设施。

第六章　保　护

第四十二条　国家实行基本草原保护制度。下列草原应当划为基本草原，实施严格管理：

（一）重要放牧场；

（二）割草地；

（三）用于畜牧业生产的人工草地、退耕还草地以及改良草地、草种基地；

（四）对调节气候、涵养水源、保持水土、防风固沙具有特殊作用的草原；

（五）作为国家重点保护野生动植物生存环境的草原；

（六）草原科研、教学试验基地；

（七）国务院规定应当划为基本草原的其他草原。

基本草原的保护管理办法，由国务院制定。

第四十三条　国务院草原行政主管部门或者省、自治区、直辖市人民政府可以按照自然保护区管理的有关规定在下列地区建立草原自然保护区：

（一）具有代表性的草原类型；

（二）珍稀濒危野生动植物分布区；

（三）具有重要生态功能和经济科研价值的草原。

第四十四条　县级以上人民政府应当依法加强对草原珍稀濒危野生植物和种质资源的保护、管理。

第四十五条　国家对草原实行以草定畜、草畜平衡制度。县级以上地方人民政府草原行政主管部门应当按照国务院草原行政主管部门制定的草原载畜量标准，结合当地实际情况，定期核定草原载畜量。各级人民政府应当采取有效措施，防止超载过牧。

第四十六条　禁止开垦草原。对水土流失严重、有沙化趋势、需要改善生态环境的已垦草原，应当有计划、有步骤地退耕还草；已造成沙化、盐碱化、石漠化的，应当限期治理。

第四十七条　对严重退化、沙化、盐碱化、石漠化的草原和生态脆弱区的草原，实行禁牧、休牧制度。

第四十八条　国家支持依法实行退耕还草和禁牧、休牧。具体办法由国务院或者省、自治区、直辖市人民政府制定。

对在国务院批准规划范围内实施退耕还草的农牧民，按照国家规定给予粮食、现金、草种费补助。退耕还草完成后，由县级以上人民政府草原行政主管部门核实登记，依法履行土地用途变更手续，发放草原权属证书。

第四十九条　禁止在荒漠、半荒漠和严重退化、沙化、盐碱化、石漠化、水土流失的草原以及生态脆弱区的草原上采挖植物和从事破坏草原植被的其他活动。

第五十条　在草原上从事采土、采砂、采石等作业活动，应当报县级人民政府草原行政主管部门批准；开采矿产资源的，并应当依法办理有关手续。

经批准在草原上从事本条第一款所列活动的，应当在规定的时间、区域内，按照准许的采挖方式作业，并采取保护草原植被的措施。

在他人使用的草原上从事本条第一款所列活动的，还应当事先征得草原使用者的同意。

第五十一条　在草原上种植牧草或者饲料作物，应当符合草原保护、建设、利用规划；县级以上地方人民政府草原行政主管部门应当加强监督管理，防止草原沙化和水土流失。

第五十二条　在草原上开展经营性旅游活动，应当符合有关草原保护、建设、利用规划，并事先征得县级以上地方人民政府草原行政主管部门的同意，方可办理有关手续。

在草原上开展经营性旅游活动，不得侵犯草原所有者、使用者和承包经营者的合法权益，不得破坏草原植被。

第五十三条　草原防火工作贯彻预防为主、防消结合的方针。

各级人民政府应当建立草原防火责任制，规定草原防火期，制定草原防火扑火预案，切实做好草原火灾的预防和扑救工作。

第五十四条　县级以上地方人民政府应当做好草原鼠害、病虫害和毒害草防治的组织管理工作。县级以上地方人民政府草原行政主管部门应当采取措施，加强草原鼠害、病虫害和毒害草监测预警、调查以及防治工作，组织研究和推广综合防治的办法。

禁止在草原上使用剧毒、高残留以及可能导致二次中毒的农药。

第五十五条　除抢险救灾和牧民搬迁的机动车辆外，禁止机动车辆离开道路在草原上行驶，破坏草原植被；因从事地质勘探、科学考察等活动确需离开道路在草原上行驶的，应当向县级人民政府草原行政主管部门提交行驶区域和行驶路线方案，经确认后执行。

第七章　监督检查

第五十六条　国务院草原行政主管部门和草原面积较大的省、自治区的县级以上地方人民政府草原行政主管部门设立草原监督管理机构，负责草原法律、法规执行情况的监督检查，对违反草原法律、法规的行为进行查处。

草原行政主管部门和草原监督管理机构应当加强执法队伍建设，提高草原监督检查人员的政治、业务素质。草原监督检查人员应当忠于职守，秉公执法。

第五十七条　草原监督检查人员履行监督检查职责时，有权采取下列措施：

（一）要求被检查单位或者个人提供有关草原权属的文件和资料，进行查阅或者复制；

（二）要求被检查单位或者个人对草原权属等问题作出说明；

（三）进入违法现场进行拍照、摄像和勘测；

（四）责令被检查单位或者个人停止违反草原法律、法规的行为，履行法定义务。

第五十八条　国务院草原行政主管部门和省、自治区、直辖市人民政府草原行政主管部门，应当加强对草原监督检查人员的培训和考核。

第五十九条　有关单位和个人对草原监督检查人员的监督检查工作应当给予支持、配合，不得拒绝或者阻碍草原监督检查人员依法执行职务。

草原监督检查人员在履行监督检查职责时，应当向被检查单位和个人出示执法证件。

第六十条　对违反草原法律、法规的行为，应当依法作出行政处理，有关草原行政主管部门不作出行政处理决定的，上级草原行政主管部门有权责令有关草原行政主管部门作出行政处理决定或者直接作出行政处理决定。

第八章　法律责任

第六十一条　草原行政主管部门工作人员及其他国家机关有关工作人员玩忽职守、滥用职权，不依法履行监督管理职责，或者发现违法行为不予查处，造成严重后果，构成犯罪的，依法追究刑事责任；尚不够刑事处罚的，依法给予行政处分。

第六十二条　截留、挪用草原改良、人工种草和草种生产资金或者草原植被恢复费，构成犯罪的，依法追究刑事责任；尚不够刑事处罚的，依法给予行政处分。

第六十三条　无权批准征用、使用草原的单位或者个人非法批准征用、使用草原的，超越批准权限非法批准征用、使用草原的，或者违反法律规定的程序批准征用、使用草原，构成犯罪的，依法追究刑事责任；尚不够刑事处罚的，依法给予行政处分。非法批准征用、使用草原的文件无效。非法批准征用、使用的草原应当收回，当事人拒不归还的，以非法使用草原论处。

非法批准征用、使用草原，给当事人造成损失的，依法承担赔偿责任。

第六十四条　买卖或者以其他形式非法转让草原，构成犯罪的，依法追究刑事责任；尚不够刑事处罚的，由县级以上人民政府草原行政主管部门依据职权责令限期改正，没收违法所得，并处违法所得 1 倍以上、5 倍以下的罚款。

第六十五条　未经批准或者采取欺骗手段骗取批准，非法使用草原，构成犯罪的，依法追究刑事责任；尚不够刑事处罚的，由县级以上人民政府草原行政主管部门依据职权责令退还非法使用的草原，对违反草原保护、建设、利用规划擅自将草原改为建设用地的，限期拆除在非法使用的草原上新建的建筑物和其他设施，恢复草原植被，并处草原被非法使用前 3 年平均产值 6 倍以上、12 倍以下的罚款。

第六十六条　非法开垦草原，构成犯罪的，依法追究刑事责任；尚不够刑事处罚的，由县级以上人民政府草原行政主管部门依据职权责令停止违法行为，限期恢复植被，没收非法财物和违法所得，并处违法所得 1 倍以上、5 倍以下的罚款；没有违法所得的，并处 5 万元以下的罚款；给草原所有者或者使用者造成损失的，依法承担赔偿责任。

第六十七条　在荒漠、半荒漠和严重退化、沙化、盐碱化、石漠化、水土流失的草原，以及生态脆弱区的草原上采挖植物或者从事破坏草原植被的其他活动的，由县级以上地方人民政府草原行政主管部门依据职权责令停止违法行为，没收非法财物和违法所得，可以并处违法所得 1 倍以上、5 倍以下的罚款；没有违法所得的，可以并处 5 万元以下的罚款；给草原所有者或者使用者造成损失的，依法承担赔偿责任。

第六十八条　未经批准或者未按照规定的时间、区域和采挖方式在草原上进行采土、采砂、采石等活动的，由县级人民政府草原行政主管部门责令停止违法行为，限期恢复植被，没收非法财物和违法所得，可以并处违法所得 1 倍以上、2 倍以下的罚款；没有违法所得的，可以并处 2 万元以下的罚款；给草原所有者或者使用者造成损失的，依法承担赔偿责任。

第六十九条　违反本法第五十二条规定，擅自在草原上开展经营性旅游活动，破坏草原植被的，由县级以上地方人民政府草原行政主管部门依据职权责令停止违法行为，限期恢复植被，没收违法所得，可以并处违法所得 1 倍以上、2 倍以下的罚款；没有违法所得的，可以并处草原被破坏前 3 年平均产值 6 倍以上、12 倍以下的罚款；给草原所有者或者使用者造成损失的，依法承担赔偿责任。

第七十条　非抢险救灾和牧民搬迁的机动车辆离开道路在草原上行驶或者从事地质勘探、科学考察等活动未按照确认的行驶区域和行驶路线在草原上行驶，破坏草原植被的，由县级人民政府草原行政主管部门责令停止违法行为，限期恢复植被，可以并处草原被破坏前 3 年平均产值 3 倍以上、9 倍以下的罚款；给草原所有者或者使用者造成损失的，依法承担赔偿责任。

第七十一条　在临时占用的草原上修建永久性建筑物、构筑物的，由县级以上地方人民政府草原行政主管部门依据职权责令限期拆除；逾期不拆除的，依法强制拆除，所需费用由违法者承担。

临时占用草原，占用期届满，用地单位不予恢复草原植被的，由县级以上地方人民政府草原行政主管部门依据职权责令限期恢复；逾期不恢复的，由县级以上地方人民政府草原行政主管部门代为恢复，所需费用由违法者承担。

第七十二条　未经批准，擅自改变草原保护、建设、利用规划的，由县级以上人民政府责令限期改正；对直接负责的主管人员和其他直接责任人员，依法给予行政处分。

第七十三条　对违反本法有关草畜平衡制度的规定，牲畜饲养量超过县级以上地方人民政府草原行政主管部门核定的草原载畜量标准的纠正或者处罚措施，由省、自治区、直辖市人民代表大会或者其常务委员会规定。

第九章　附　则

第七十四条　本法第二条第二款中所称的天然草原包括草地、草山和草坡，人工草地包括改良草地和退耕还草地，不包括城镇草地。

第七十五条　本法自 2003 年 3 月 1 日起施行。

中华人民共和国水土保持法

目　录

第一章　总　　则

第一条　为预防和治理水土流失，保护和合理利用水土资源，减轻水、旱、风沙灾害，改善生态环境，发展生产，制定本法。

第二条　本法所称水土保持，是指对自然因素和人为活动造成水土流失所采取的预防和治理措施。

第三条　一切单位和个人都有保护水土资源、防治水土流失的义务，并有权对破坏水土资源、造成水土流失的单位和个人进行检举。

第四条　国家对水土保持工作实行预防为主，全面规划，综合防治，因地制宜，加强管理，注重效益的方针。

第五条　国务院和地方人民政府应当将水土保持工作列为重要职责，采取措施做好水土流失防治工作。

第六条　国务院水行政主管部门主管全国的水土保持工作。县级以上地方人民政府水行政主管部门，主管本辖区的水土保持工作。

第七条　国务院和县级以上地方人民政府的水行政主管部门，应当在调查评价水土资源的基础上，会同有关部门编制水土保持规划。水土保持规划须经同级人民政府批准，县级以上地方人民政府批准的水土保持规划，须报上一级人民政府水行政主管部门备案。水土保持规划的修改，须经原批准机关批准。

县级以上人民政府应当将水土保持规划确定的任务，纳入国民经济和社会发展计划，安排专项资金，并组织实施。

县级以上人民政府应当依据水土流失的具体情况，划定水土流失重点防治区，进行重点防治。

第八条　从事可能引起水土流失的生产建设活动的单位和个人，必须采取措施保护水土资源，并负责治理因生产建设活动造成的水土流失。

第九条　各级人民政府应当加强水土保持的宣传教育工作，普及水土保持科学知识。

第十条　国家鼓励开展水土保持科学技术研究，提高水土保持科学技术水平，推广水土保持的先进技术，有计划地培养水土保持的科学技术人才。

第十一条　在防治水土流失工作中成绩显著的单位和个人，由人民政府给予奖励。

第二章　预　防

第十二条　各级人民政府应当组织全民植树造林，鼓励种草，扩大森林覆盖面积，增加植被。

第十三条　各级地方人民政府应当根据当地情况，组织农业集体经济组织和国营农、林、牧场，种植薪炭林和饲草、绿肥植物，有计划地进行封山育林育草、轮封轮牧、防风固沙，保护植被。禁止毁林开荒、烧山开荒和在陡坡地、干旱地区铲草皮、挖树兜。

第十四条　禁止在25度以上陡坡地开垦种植农作物。

省、自治区、直辖市人民政府可以根据本辖区的实际情况，规定小于25度的禁止开垦坡度。

禁止开垦的陡坡地的具体范围由当地县级人民政府划定并公告。

本法施行前已在禁止开垦的陡坡地上开垦种植农作物的，应当在建设基本农田的基础上，根据实际情况，逐步退耕，植树种草，恢复植被，或者修建梯田。

第十五条　开垦禁止开垦坡度以下、5度以上的荒坡地，必须经县级人民政府水行政主管部门批准；开垦国有荒坡地，经县级人民政府水行政主管部门批准后，方可向县级以上人民政府申请办理土地开垦手续。

第十六条　采伐林木必须因地制宜地采用合理采伐方式，严格控制皆伐，对采伐区和集材道采取防止水土流失的措施，并在采伐后及时完成更新造林任务。对水源涵养林、水土保持林、防风固沙林等防护林只准进行抚育和更新性质的采伐。

在林区采伐林木的，采伐方案中必须有按照前款规定制定的采伐区水土保持措施。采伐方案经林业行政主管部门批准后，采伐水土保持措施由水行政主管部门和林业行政主管部门监督实施。

第十七条　在5度以上坡地上整地造林，抚育幼林，垦复油茶、油桐等经济林木，必须采取水土保持措施，防止水土流失。

第十八条　修建铁路、公路和水工程，应当尽量减少破坏植被；废弃的沙、石、土必须运至规定的专门存放地堆放，不得向江河、湖泊、水库和专门存放地以外的沟渠倾倒；在铁路、公路两侧地界以内的山坡地，必须修建护坡或者采取其他土地整治措施；工程竣工后，取土场、开挖面和废弃的砂、石、土存放地的裸露土地，必须植树种草，防止水土流失。

开办矿山企业、电力企业和其他大中型工业企业，排弃的剥离表土、矸石、尾矿、废渣等必须堆放在规定的专门存放地，不得向江河、湖泊、水库和专门存放地以外的沟渠倾倒；因采矿和建设使植被受到破坏的，必须采取措施恢复表土层和植被，防止水土流失。

第十九条　在山区、丘陵区、风沙区修建铁路、公路、水工程，开办矿山企业、电力企业和其他大中型工业企业，在建设项目环境影响报告书中，必须有水行政主管部门同意的水土保持方案。水土保持方案应当按照本法第十八条的规定制定。

在山区、丘陵区、风沙区依照矿产资源法的规定开办乡镇集体矿山企业和个体申请采矿，必须持有县级以上地方人民政府水行政主管部门同意的水土保持方案，方可申请办理采矿批准手续。

建设项目中的水土保持设施，必须与主体工程同时设计、同时施工、同时投产使用。建设工程竣工验收时，应当同时验收水土保持设施，并有水行政主管部门参加。

第二十条　各级地方人民政府应当采取措施，加强对采矿、取土、挖砂、采石等生产活动的管理，防止水土流失。

在崩塌滑坡危险区和泥石流易发区禁止取土、挖砂、采石。崩塌滑坡危险区和泥石流易发区的范围，由县级以上地方人民政府划定并公告。

第三章　治　理

第二十一条　县级以上人民政府应当根据水土保持规划，组织有关行政主管部门和单位有计划地对水土流失进行治理。

第二十二条　在水力侵蚀地区，应当以天然沟壑及其两侧山坡地形成的小流域为单元，实行全面规划，综合治理，建立水土流失综合防治体系。

在风力侵蚀地区，应当采取开发水源、引水拉沙、植树种草、设置人工沙障和网格林带等措施，建立防风固沙防护体系，控制风沙危害。

第二十三条　国家鼓励水土流失地区的农业集体经济组织和农民对水土流失进行治理，并在资金、能源、粮食、税收等方面实行扶持政策，具体办法由国务院规定。

第二十四条　各级地方人民政府应当组织农业集体经济组织和农民，有计划地对禁止开垦坡度以下、5 度以上的耕地进行治理，根据不同情况，采取整治排水系统、修建梯田、蓄水保土耕作等水土保持措施。

第二十五条　水土流失地区的集体所有的土地承包给个人使用的，应当将治理水土流失的责任列入承包合同。

第二十六条　荒山、荒沟、荒丘、荒滩可以由农业集体经济组织、农民个人或者联户承包水土流失的治理。

对荒山、荒沟、荒丘、荒滩水土流失的治理实行承包的，应当按照谁承包治理谁受益的原则，签订水土保持承包治理合同。

承包治理所种植的林木及其果实，归承包者所有，因承包治理而新增加的土地，由承包者使用。

国家保护承包治理合同当事人的合法权益。在承包治理合同有效期内，承包人死亡时，继承人可以依照承包治理合同的约定继续承包。

第二十七条　企业事业单位在建设和生产过程中必须采取水土保持措施，对造成的水土流失负责治理。本单位无力治理的，由水行政主管部门治理，治理费用由造成水土流失的企业事业单位负担。

建设过程中发生的水土流失防治费用，从基本建设投资中列支；生产过程中发生的水土流失防治费用，从生产费用中列支。

第二十八条　在水土流失地区建设的水土保持设施和种植的林草，由县级以上人民政府组织有关部门检查验收。

对水土保持设施、试验场地、种植的林草和其他治理成果，应当加强管理和保护。

第四章　监　督

第二十九条　国务院水行政主管部门建立水土保持监测网络，对全国水土流失动态进行监测预报，并予以公告。

第三十条　县级以上地方人民政府水行政主管部门的水土保持监督人员，有权对本辖区的水土流失及其防治情况进行现场检查。被检查单位和个人必须如实报告情况，提供必要的工作条件。

第三十一条　地区之间发生的水土流失防治的纠纷，应当协商解决；协商不成的，由上一级人民政府处理。

第五章　法律责任

第三十二条　违反本法第十四条规定，在禁止开垦的陡坡地开垦种植农作物的，由县级人民政府水行政主管部门责令停止开垦、采取补救措施，可以处以罚款。

第三十三条 企业事业单位、农业集体经济组织未经县级人民政府水行政主管部门批准，擅自开垦禁止开垦坡度以下、5 度以上的荒坡地的，由县级人民政府水行政主管部门责令停止开垦、采取补救措施，可以处以罚款。

第三十四条 在县级以上地方人民政府划定的崩塌滑坡危险区、泥石流易发区范围内取土、挖砂或者采石的，由县级以上地方人民政府水行政主管部门责令停止上述违法行为、采取补救措施，处以罚款。

第三十五条 在林区采伐林木，不采取水土保持措施，造成严重水土流失的，由水行政主管部门报请县级以上人民政府决定责令限期改正、采取补救措施，处以罚款。

第三十六条 企业事业单位在建设和生产过程中造成水土流失，不进行治理的，可以根据所造成的危害后果处以罚款，或者责令停业治理；对有关责任人员由其所在单位或者上级主管机关给予行政处分。

罚款由县级人民政府水行政主管部门报请县级人民政府决定。责令停业治理由市、县人民政府决定；中央或者省级人民政府直接管辖的企业事业单位的停业治理，须报请国务院或者省级人民政府批准。

个体采矿造成水土流失，不进行治理的，按照前两款的规定处罚。

第三十七条 以暴力、威胁方法阻碍水土保持监督人员依法执行职务的，依法追究刑事责任；拒绝、阻碍水土保持监督人员执行职务未使用暴力、威胁方法的，由公安机关依照治安管理处罚条例的规定处罚。

第三十八条 当事人对行政处罚决定不服的，可以在接到处罚通知之日起 15 日内向作出处罚决定的机关的上一级机关申请复议；当事人也可以在接到处罚通知之日起 15 日内直接向人民法院起诉。

复议机关应当在接到复议申请之日起 60 日内作出复议决定。当事人对复议决定不服的，可以在接到复议决定之日起 15 日内向人民法院起诉。复议机关逾期不作出复议决定的，当事人可以在复议期满之日起 15 日内向人民法院起诉。

当事人逾期不申请复议也不向人民法院起诉、又不履行处罚决定的，作出处罚决定的机关可以申请人民法院强制执行。

第三十九条 造成水土流失危害的，有责任排除危害，并对直接受到损害的单位和个人赔偿损失。

赔偿责任和赔偿金额的纠纷，可以根据当事人的请求，由水行政主管部门处理；当事人对处理决定不服的，可以向人民法院起诉。当事人也可以直接向人民法院起诉。

由于不可抗拒的自然灾害，并经及时采取合理措施，仍然不能避免造成水土流失危害的，免予承担责任。

第四十条 水土保持监督人员玩忽职守、滥用职权给公共财产、国家和人民利益造成损失的，由其所在单位或者上级主管机关给予行政处分；构成犯罪的，依法追究刑事责任。

第六章　附　则

第四十一条 国务院根据本法制定实施条例。

省、自治区、直辖市人民代表大会常务委员会，可以根据本法和本地区的实际情况制定实施办法。

第四十二条 本法自公布之日起施行。1982 年 6 月 30 日国务院发布的《水土保持工作条例》同时废止。